华中区域
气候变化评估报告:2020

刘　敏　王　凯　万素琴
梁益同　王纪军　彭嘉栋　等　编著

气象出版社
China Meteorological Press

内容简介

华中区域包括河南省、湖北省、湖南省，是我国重要的粮食生产基地，水资源丰富，河流、湖泊、水库和湿地众多。该区域是气候变化影响的敏感区和脆弱区，暴雨、干旱、高温等气象灾害发生频繁，对粮食安全、生态安全、能源安全、公共卫生安全等构成严重威胁。

中国气象局作为基础性科技支撑部门，于2017年启动了《华中区域气候变化评估报告：2020》的编制工作，在华中区域三省气候中心多位专家的共同努力下，历时三年完成了报告的编制。报告分为科学基础篇和专题评估篇共9章，分析了华中区域气候变化的基本事实和未来趋势，评估了气候变化对农业、重大水利工程营运、湖泊湿地生态和城市气候风险的影响，提出了应对策略和措施选择，以供区域各级政府以及相关行业决策部门在制定适应气候变化战略和措施时参考，也可供气象、农业、林业、水利、规划等领域的科技人员和关心区域气候与环境问题的广大读者参考使用。

图书在版编目（CIP）数据

华中区域气候变化评估报告. 2020 / 刘敏等编著
. -- 北京 : 气象出版社, 2021.12
ISBN 978-7-5029-7571-5

Ⅰ. ①华… Ⅱ. ①刘… Ⅲ. ①气候变化－评估－研究报告－中国 Ⅳ. ①P468.2

中国版本图书馆CIP数据核字(2021)第201912号

华中区域气候变化评估报告：2020
Huazhong Quyu Qihou Bianhua Pinggu Baogao：2020

出版发行：气象出版社
地　　址：北京市海淀区中关村南大街46号　　**邮政编码**：100081
电　　话：010-68407112(总编室)　010-68408042(发行部)
网　　址：http://www.qxcbs.com　　**E-mail**：qxcbs@cma.gov.cn
责任编辑：陈　红　　**终　　审**：吴晓鹏
责任校对：张硕杰　　**责任技编**：赵相宁
封面设计：艺点设计
印　　刷：北京建宏印刷有限公司
开　　本：787 mm×1092 mm　1/16　　**印　　张**：7
字　　数：179千字
版　　次：2021年12月第1版　　**印　　次**：2021年12月第1次印刷
定　　价：70.00元

前　　言

当前全球气候正经历着以变暖为主要特征的显著变化，气候变化及其风险已成为世界各国面临的共同挑战。中国政府高度重视应对气候变化工作，采取了强有力的政策措施，推进应对气候变化行动，在有效控制温室气体排放、增强适应气候变化能力等领域取得了积极成效。2020 年 12 月 12 日，习近平主席在联合国气候雄心峰会上通过视频发表题为《继往开来，开启全球应对气候变化新征程》的重要讲话，宣布“中国将提高国家自主贡献力度，到 2030 年，中国单位国内生产总值二氧化碳排放将比 2005 年下降 65%以上，非化石能源占一次能源消费比重将达到 25%左右，森林蓄积量将比 2005 年增加 60 亿 m^3，风电、太阳能发电总装机容量将达到 12 亿 kW 以上”。这一宣布意义重大、影响深远，再次向世界释放出中国将坚定走绿色低碳发展道路、引领全球生态文明和美丽世界建设的定力与担当，也为我国坚持低碳转型和高质量发展指明了方向。

华中区域地处我国中部、长江中游和黄河中下游地区，起着承东启西、沟通南北的重要作用，是我国重要的粮食生产基地，水资源丰富，河流、湖泊、水库和湿地众多，在我国整个国民经济发展中具有举足轻重的地位。“十四五”华中区域为全面推进长江和黄河生态保护和修复、加快中部崛起、转变经济发展方式、疫后重振等提供了新机遇、新需求。华中区域位于我国南北气候过渡带，气候复杂多样，是气候变化影响的敏感区和脆弱区，暴雨、干旱、高温等气象灾害及其次生灾害发生频繁，对粮食安全、生态安全、能源安全、公共卫生安全等构成严重威胁，区域在适应气候变化方面面临着诸多新的挑战。

科学评估并准确辨识气候变化及其影响，是应对气候变化工作的基础。中国气象局作为基础性科技支撑部门，先后两次组织开展了区域气候变化评估报告编制工作，这是对国家评估报告的细化和补充。第二次华中区域气候变化评估工作于 2017 年启动，力求在区域层面更详尽地反映国内气候变化研究最新进展，推动区域应对气候变化科技支撑能力的提升，为区域三省政府及各部门应对气候变化提供最直接的科学依据。

与第一次评估报告有所不同，《华中区域气候变化评估报告：2020》分为两篇，科学基础篇分为 5 章，包括引言、气候变化观测事实、极端天气气候事件变化事实、未来气候变化和气候风险预估；专题评估篇分为 4 章，分别评估了气候变化对农业、重大水利工程营运、湖泊湿地生态和主要城市气候风险的影响，提出了应对气候变化的策略和措施选择。

统稿和各章编写人员如下：

全书由刘敏总统稿，科学基础篇由王凯统稿，专题评估篇由万素琴统稿。

科学基础篇

第 1 章　刘　敏　王　凯

第2章　王　凯　高　媛　靳艳秋　王　苗　王海军　史瑞琴　严　婧
　　　　柳晶辉　张丽文　肖　莺　梁益同　孟翠丽　刘凯文
第3章　方思达　秦鹏程
第4章　王　苗　任永建
第5章　温泉沛　任永建
专题评估篇
第6章　万素琴　刘志雄　李彤霄　蒋元华　邓爱娟　成　林　肖玮钰
　　　　姬兴杰　杜东升　汤　阳　王秀萍　刘可群　程芳芳　黄　超
　　　　杨慧洁　黎燚隆
第7章　王纪军　竹磊磊　秦鹏程　刘　敏　贺　哲
第8章　梁益同　王　苗　张丽文　刘可群　杨　超　汤　阳　杨　涛
第9章　彭嘉栋　方思达　潘　攀　吴　浩　黎燚隆　汤亦豪　李　娇
　　　　李凤秀

《华中区域气候变化评估报告:2020》的编制由 2018—2020 年中国气象局气候变化专项、国家重点研发计划(2016YFE0102400、2018YFC1508001、2018YEF0196000)资助,编制工作由武汉区域气候中心牵头主持,河南省气候中心、湖南省气候中心、中国科学院精密测量科学与技术创新研究院共同承担完成。报告在编写和修改过程中,丁一汇、翟盘茂、刘洪滨、巢清尘、任国玉、徐影、许红梅、居辉、袁佳双、陈良华、鲍正风、刘松、吴泽宁、王学雷、厉恩华、高友珍、石道良、陈正洪、项久华、田敀、雷晓、万小卓、李俊、高广金、蔡俊松、张堂林、梁国亭、马歆、胡彩虹、徐夏楠、杜尧东、赵春雨、谈建国、杜吴鹏、马振峰、廖玉芳、匡方毅等专家提出了很好的修改意见。在此一并表示衷心感谢!

本书虽然经多次修改完善,但由于涉及面广,尤其是未来气候变化预估、气候变化对各行业的影响等方面,存在较多不确定性和复杂性,不足之处在所难免,恳请广大读者批评指正,以便我们在后续的工作中不断完善。

作者

2021 年 5 月

目　　录

科学基础篇

专题评估篇

第 2 章　气候变化观测事实

摘要　1907—2017 年，华中区域气温总体经历了“升—降—升”的变化过程，呈显著升温趋势，升温速率为 0.06 ℃/10a，20 世纪 80 年代后尤其是 90 年代以来升温显著。1961—2017 年，华中区域年平均气温升温速率为 0.18 ℃/10a，升温速率低于全国(0.24 ℃/10a)、高于全球(0.13 ℃/10a)。东部以 0.20～0.40 ℃/10a 的速率升温，升温幅度大；春、冬、秋季升温趋势明显，其中，春季升温幅度最大，夏季气温呈不明显下降趋势；最低气温升温速率大于最高气温，气温日较差以 0.11 ℃/10a 的速率明显减小。入春、入夏每 10 年分别提前 2.2 d 和 0.4 d；入秋、入冬每 10 年分别推迟 1.1 d 和 0.3 d。春、夏季持续天数每 10 年分别延长 1.8 d 和 1.5 d；秋、冬季持续天数每 10 年分别缩短 0.7 d 和 2.6 d。1907—2017 年，华中区域年降水量无明显变化趋势，但年代际波动明显，多雨期与少雨期交替出现，20 世纪 50 年代、80—90 年代以及 21 世纪 10 年代以来降水偏多，20 世纪 60—70 年代、21 世纪初降水偏少。1961—2017 年，华中区域年降水量变化趋势不明显，但是地区、季节有差异。豫中西部、鄂西南大部、鄂北中部和湘东南南部地区呈减少趋势，鄂东和湖南大部地区呈略增加趋势。年降水日数以 1.6 d/10a 的速率减少；长江中游平均入梅时间为 6 月 17 日，平均出梅时间为 7 月 11 日，梅雨期长度以 0.4 d/10a 的速率缩短，梅雨和秋雨强度略有增大。日照时数减少、风速减小、相对湿度变化不显著。平流层下层降温和对流层低层升温趋势显著，中低空风速变化趋势不明显。

2.1　大气圈的变化

2.1.1　气温时空变化

2.1.1.1　代表站气温百年变化

近百年，华中区域年平均气温、年平均最高气温、年平均最低气温均具有明显的年代际变化特征，整体呈升高趋势，年平均最低气温尤为明显；华中区域气温总体经历了“升—降—升”的变化过程，20 世纪 80 年代以后升温极显著，进入 21 世纪后升温速率有所放缓。异常偏高的年份以 21 世纪初居多，异常偏低的年份以 20 世纪 80 年代居多。

(1)平均气温

近百年，华中区域平均气温升高趋势显著，变化速率自北向南递减，中南部大部地区低于全球和中国的平均升温速率，其中，开封(1951—2017 年)、濮阳(1954—2017 年)、武汉(1907—2017 年)、宜昌(1924—2017 年)、长沙(1951—2017 年)、芷江(1937—2017 年)年平均气温升高速率分别为 0.30 ℃/10a、0.20 ℃/10a、0.06 ℃/10a、0.04 ℃/10a、0.17 ℃/10a、0.05 ℃/10a；进入 20 世纪 80 年代以后，升温加剧，升温速率分别为 0.57 ℃/10a、0.39 ℃/10a、0.54 ℃/10a、0.33 ℃/10a、0.37 ℃/10a、0.26 ℃/10a；区域平均升温速率为 0.06 ℃ /10a(图 2.1)。21 世纪以来，升温有所放缓，呈现北增南减的态势。

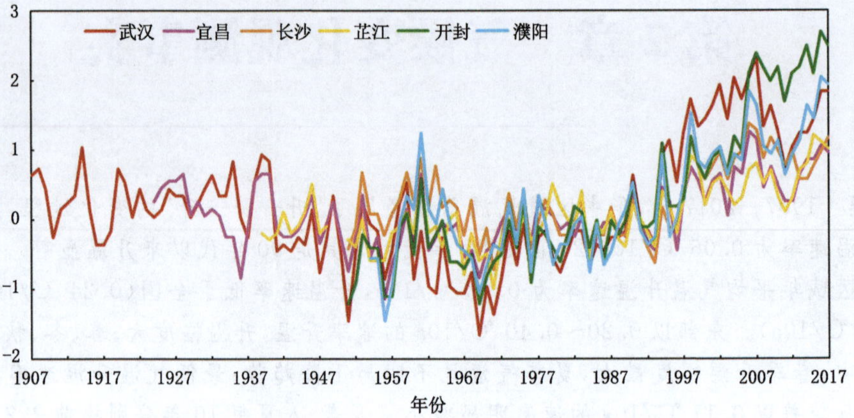

图 2.1　近百年华中区域代表站年平均气温距平变化

(2)平均最高气温

近百年，华中区域平均最高气温整体升高趋势明显，变化速率自北向南递减，其中，开封(1951—2017 年)、濮阳(1954—2017 年)、武汉(1907—2017 年)、宜昌(1924—2017 年)、长沙(1951—2017 年)、芷江(1937—2017 年)年平均最高气温升高速率分别为 0.11 ℃/10a、0.09 ℃/10a、0.04 ℃/10a、0.02 ℃/10a、0.19 ℃/10a、−0.02 ℃/10a；与平均气温相似，进入 20 世纪 80 年代以后，升温加剧，变率分别为 0.30 ℃/10a、0.17 ℃/10a、0.54 ℃/10a、0.45 ℃/10a、0.38 ℃/10a、0.36 ℃/10a；21 世纪以来，升温有所放缓，呈现北增南减的态势，变率分别为 0.49 ℃/10a、0.43 ℃/10a、0.08 ℃/10a、0.12 ℃/10a、−0.07 ℃/10a、0.20 ℃/10a。

(3)平均最低气温

近百年，华中区域平均最低气温整体升高趋势显著，变化速率自北向南递减，其中，开封(1951—2017 年)、濮阳(1954—2017 年)、武汉(1907—2017 年)、宜昌(1924—2017 年)、长沙(1951—2017 年)、芷江(1937—2017 年)年平均最低气温升高速率分别为 0.11 ℃/10a、0.32 ℃/10a、0.09 ℃/10a、0.06 ℃/10a、0.14 ℃/10a、0.12 ℃/10a；与平均气温相似，进入 20 世纪 80 年代以后，升温加剧，变率分别为 0.85 ℃/10a、0.60 ℃/10a、0.69 ℃/10a、0.34 ℃/10a、0.41 ℃/10a、0.29 ℃/10a；21 世纪以来，升温有所放缓，基本呈现北增南减的态势，变率分别为 1.11 ℃/10a、0.50 ℃/10a、−0.21 ℃/10a、0.21 ℃/10a、0.04 ℃/10a、0.36 ℃/10a。

2.1.1.2　华中区域近 60 年气温变化

(1)平均气温

1961—2017 年，华中区域年平均气温为 16.0 ℃，其中，2013 年最高(17.1 ℃)，1984 年最低(15.1 ℃)，近 5 年中有 3 年为历史极值前三位；近 60 年区域平均气温总体呈升高趋势，升温速率为 0.18 ℃/10a，20 世纪 80 年代中期后特别是 90 年代以后尤为明显。区域东部以 0.20～0.40 ℃/10a 的较快速率升温；除鄂西南及豫西南少部地区外，大部地区升温显著

(图 2.2,图 2.3)。

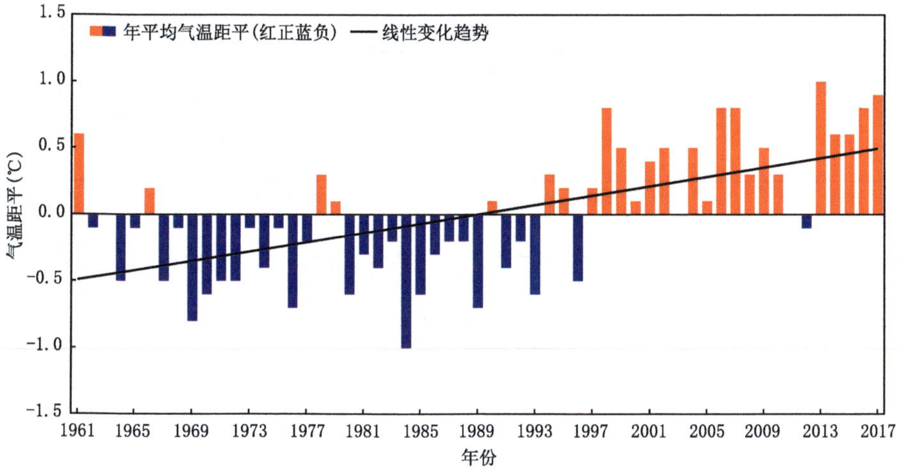

图 2.2 1961—2017 年华中区域年平均气温距平(相对于 1981—2010 年)变化

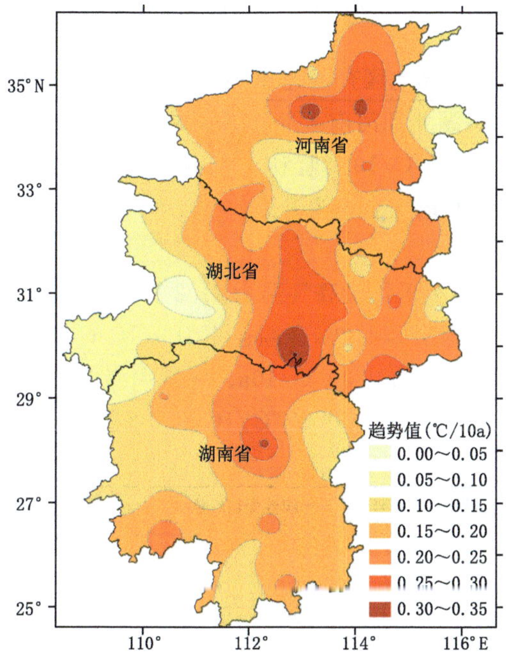

图 2.3 1961—2017 年华中区域年平均气温变化趋势的空间分布

1961—2017 年,华中区域四季平均气温分别为春季 16.0 ℃、夏季 26.7 ℃、秋季 16.9 ℃、冬季 4.7 ℃。近 60 年华中区域春季、冬季、秋季升温趋势明显,其中,春季升温幅度最大,夏季气温呈不明显下降趋势,20 世纪 90 年代后升温明显,春季、秋季、冬季升温速率分别为 0.28 ℃/10a、0.17 ℃/10a、0.26 ℃/10a(图 2.4)。

空间分布上,春季、秋季、冬季华中区域大部地区升温显著,近半数站点升温极显著。区域平均气温春季变率在 0.10(兴山)~0.47 ℃/10a(荥阳),其中,河南南部、湖北中东部以及湖南北部地区气温上升最快,升温速率在 0.3 ℃/10a 以上;秋季变率在 0.02(宜昌)~0.38 ℃/10a

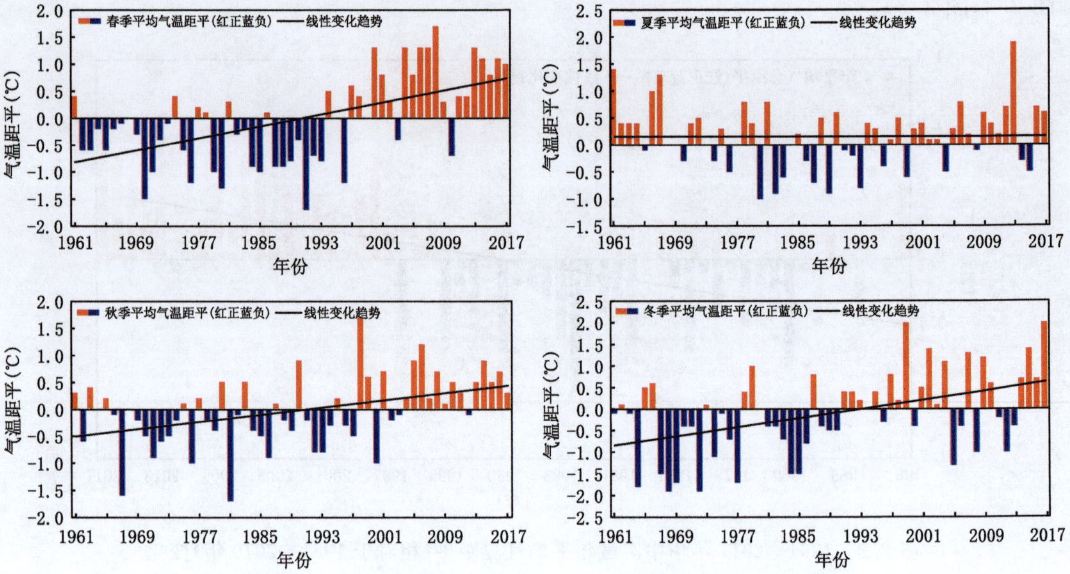

图 2.4　1961—2017 年华中区域四季平均气温距平变化

(监利),湘北、豫北和湖北中东部地区升温速率在 0.20 ℃/10a 以上;冬季变率在 0.10(舞阳)～0.50 ℃/10a(荥阳),湘北、湖北和河南大部地区升温速率在 0.24 ℃/10a 以上。平均气温夏季变率在－0.18(大悟)～0.20 ℃/10a(监利),降温趋势北部高于南部,豫西南、鄂西北在－0.10 ℃/10a 以下,湖南大部地区表现为升温。

(2)平均最高气温

1961—2017 年,华中区域年平均最高气温为 21.2 ℃,2013 年最高(22.5 ℃),1984 年最低(19.9 ℃);近 60 年区域总体呈升温趋势,升温速率为 0.15 ℃/10a,20 世纪 90 年代前呈降温趋势,随后呈升温趋势,升温速率为 0.30 ℃/10a。区域大部地区平均最高气温呈升温趋势,湘北及湖北中东部地区升温速率最快,在 0.18 ℃/10a 以上(图 2.5)。

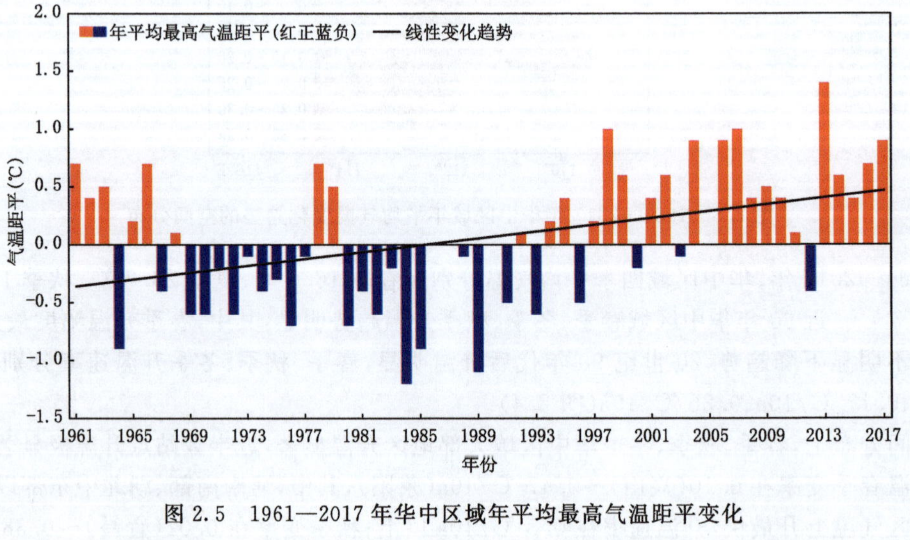

图 2.5　1961—2017 年华中区域年平均最高气温距平变化

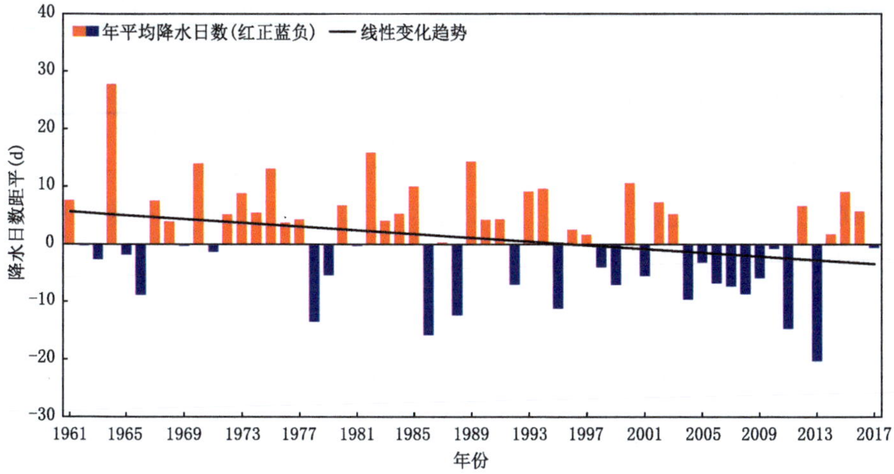

图 2.11　1961—2017 年华中区域年平均降水日数距平变化

1961—2017 年，华中区域年平均大雨日数为 8.0 d，1983 年最多(9.9 d)、1966 年最少(5.5 d)；近 60 年区域呈增加趋势，增加速率为 0.1 d/10a，20 世纪 60 年代、70 年代和 90 年代偏少，21 世纪以来开始增多，近 4 年偏多。空间分布看，豫北、鄂南和湘南部分站点呈增加趋势，其他大部地区变化不明显。

2.1.3　风速变化

(1)平均风速

1961—2017 年，华中区域年平均风速为 2.0 m/s，呈减小趋势，减小速率为 0.2 m/(s · 10a)，20 世纪 80 年代中期之前偏大，之后呈下降趋势，特别是 21 世纪以来减小速率在 0.1 m/(s · 10a)以上(图 2.12)。区域大部地区呈减小趋势，中东部减小速率大于西部。

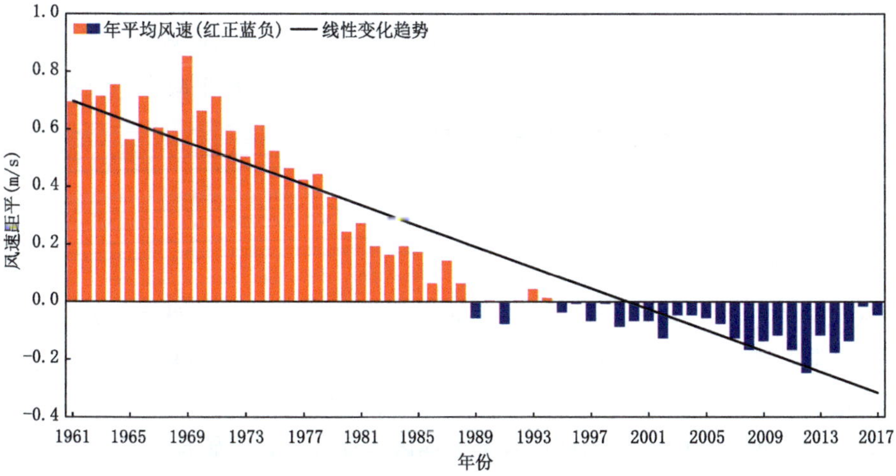

图 2.12　1961—2017 年华中区域年平均风速变化

1961—2017 年，华中区域春、夏、秋、冬四季平均风速分别为 2.2 m/s、1.9 m/s、1.8 m/s、2.0 m/s，春季最大、秋季最小；近 60 年区域四季呈减小趋势，减小速率分别为 0.19 m/(s · 10a)、

0.15 m/(s·10a)、0.18 m/(s·10a)和 0.20 m/(s·10a),冬季最大、夏季最小。

(2)地表通风量

1961—2017 年,华中区域平均年地表通风量为 1713.0 m^2/s,1969 年最多(2564.7 m^2/s)、2012 年最少(1109.6 m^2/s);近 60 年区域呈减少趋势,减少速率为 233.0 $m^2/(s\cdot10a)$。20 世纪 60—90 年代偏多,21 世纪以来持续减少,近 7 年平均较常年偏少 179.2 m^2/s。除豫西南、鄂西南和湘西北西部地区呈增加趋势外,大部地区呈下降趋势,黄河以北、豫东和湘东南南部地区下降尤为明显,速率为 450 $m^2/(s\cdot10a)$。

2.1.4 日照时数变化

1961—2017 年,华中区域年平均日照时数为 1609.3 h,呈减少趋势,减少速率为 54.1 h/10a。20 世纪 60 年代、70 年代偏多,80 年代以来偏少,近 10 年减少尤为突出(图 2.13)。

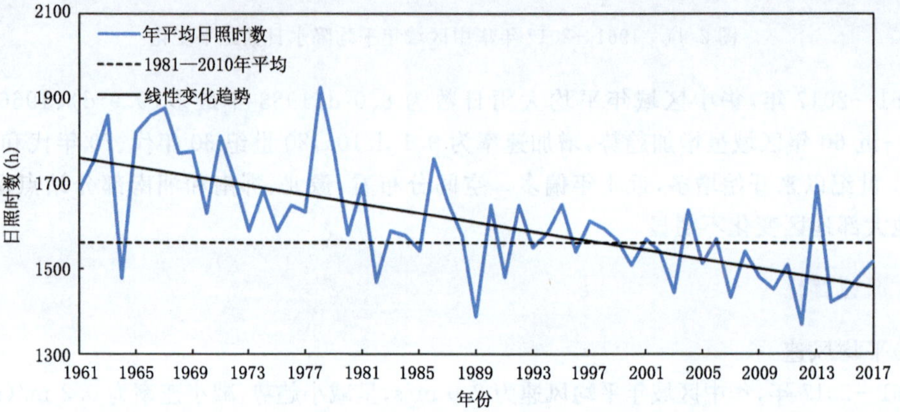

图 2.13　1961—2017 年华中区域年平均日照时数变化

1961—2017 年,华中区域春、夏、秋、冬四季平均日照时数分别为 423.1 h、583.8 h、418.3 h、307.5 h。近 60 年区域春季呈弱增加趋势;夏季呈减少趋势,减少速率为 38.3 h/10a;秋、冬季呈减少趋势,减少速率分别为 13.5 h/10a、12.6 h/10a。夏季减小趋势最明显,秋季次之;夏、秋、冬季与年日照时数呈一致的减少趋势。

2.1.5 四季变化

2.1.5.1 入季日期

华中区域平均入春日期为 3 月 20 日,最早 2 月 26 日(2004 年),最晚 4 月 4 日(1964 年、1987 年、1996 年),入春日期显著提前,平均每 10 年提前 2.2 d;21 世纪之前各年代较常年偏晚,且变化幅度较大,21 世纪以后与常年持平。河南大部、鄂中东部及湘北地区入春日期提前,平均每 10 年提前 2~3 d,其中,河南及鄂中地区入春日期提前显著(图 2.14)。

华中区域平均入夏日期为 5 月 25 日,最早 5 月 12 日(1994 年),最晚 6 月 13 日(1987 年),入夏日期平均每 10 年提前 0.4 d。各年代变化幅度较大,较常年平均日期推后 4~10 d(图 2.14)。

华中区域平均入秋日期为 9 月 24 日,最早 9 月 12 日(1997 年),最晚 10 月 8 日(1987

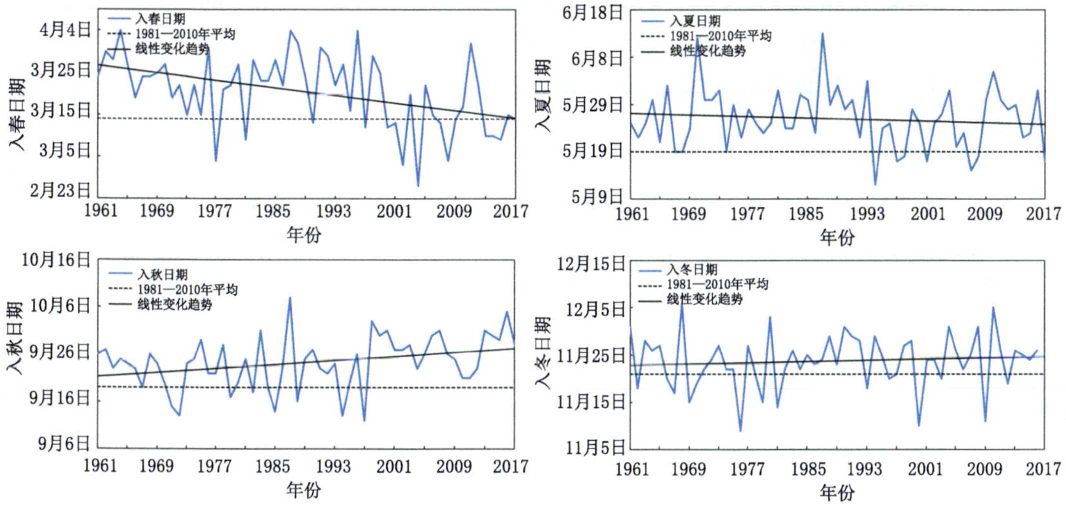

图 2.14　1961—2017 年华中区域平均入春、入夏、入秋、入冬日期变化

年)，推迟较显著，平均每 10 年推后 1.1 d。各年代变化幅度较大，较常年推后 2～9 d。鄂中、湘北入秋日期显著推迟，平均每 10 年推迟 2 d 以上，其中，江汉平原推迟更为显著(图 2.14)。

华中区域平均入冬日期为 11 月 23 日，最早 11 月 9 日(1976 年)，最晚 12 月 6 日(1968 年)，平均每 10 年推后 0.3 d。区域各年代变化幅度不大，较常年提前或推后 1 d(图 2.14)。

2.1.5.2　四季长度

华中区域春季平均长度为 67 d，最长 96 d(2004 年)，最短 46 d(1994 年)，平均每 10 年延长 1.8 d，区域明显延长。区域、湖南、河南 20 世纪 60、90 年代偏短，其余年代偏长；湖北 21 世纪之前偏短，21 世纪后偏长。豫北及中东部地区春季长度平均每 10 年延长 2～4 d，呈延长趋势；而鄂西南部和湘南地区呈缩短趋势(图 2.15)。

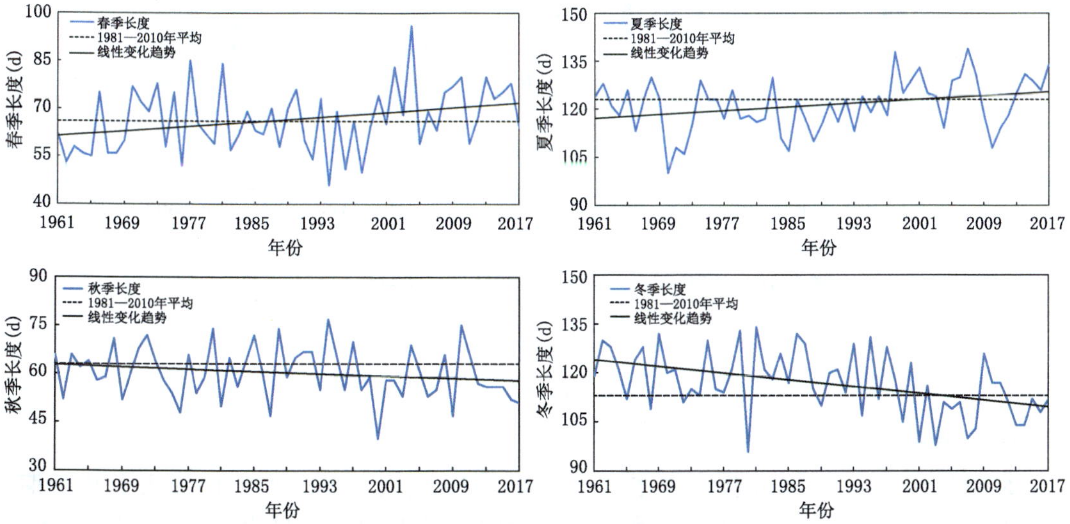

图 2.15　1961—2017 年华中区域春季、夏季、秋季、冬季平均持续长度变化

华中区域夏季平均长度为 121 d,最长 139 d(2007 年),最短 100 d(1970 年),平均每 10 年延长 1.5 d,区域延长明显。各地在 20 世纪 60—80 年代呈缩短趋势,90 年代以来呈延长趋势。豫中、鄂中、湘北和东南部地区夏季长度平均每 10 年延长 2～5 d,延长显著;而豫北、豫东地区呈缩短趋势(图 2.15)。

华中区域秋季平均长度为 61 d,最长 77 d(1994 年),最短 40 d(2000 年),平均每 10 年缩短 0.7 d。21 世纪 10 年代之前各年代变化幅度不大,较常年延长或缩短 1～3 d;21 世纪 10 年代以后变化幅度加剧,区域、河南、湖北、湖南分别较常年缩短 6 d、4 d、5 d、8 d。湘南、豫南的淮滨、商城及鄂西的恩施、兴山等地秋季长度平均每 10 年延长 0～1 d,其他地区缩短 0～2 d(图 2.15)。

华中区域冬季平均长度为 117 d,最长 135 d(1986 年),最短 98 d(1980 年),平均每 10 年缩短 2.6 d,区域缩短极显著。21 世纪之前呈延长趋势,之后转为缩短。21 世纪以来变化幅度尤为明显,区域、河南、湖北、湖南冬季长度分别较常年缩短 9 d、6 d、8 d、9 d。豫中、鄂中东部、湘南地区平均每 10 年缩短 3 d 以上,鄂中东部和豫中地区缩短显著(图 2.15)。

2.1.6 相对湿度变化

1961—2017 年,华中区域年平均相对湿度为 73%,1964 年最大(76.6%)、1966 年最小(69.2%);近 60 年区域变化趋势不显著,20 世纪 60 年代、70 年代偏小,80 年代、90 年代偏大,进入 21 世纪,又开始偏小,近 4 年偏多(图 2.16)。豫中、豫西和湘中地区年相对湿度呈增大趋势,其他地区呈减小趋势,豫北、江汉平原和湘北地区减小趋势更为显著。

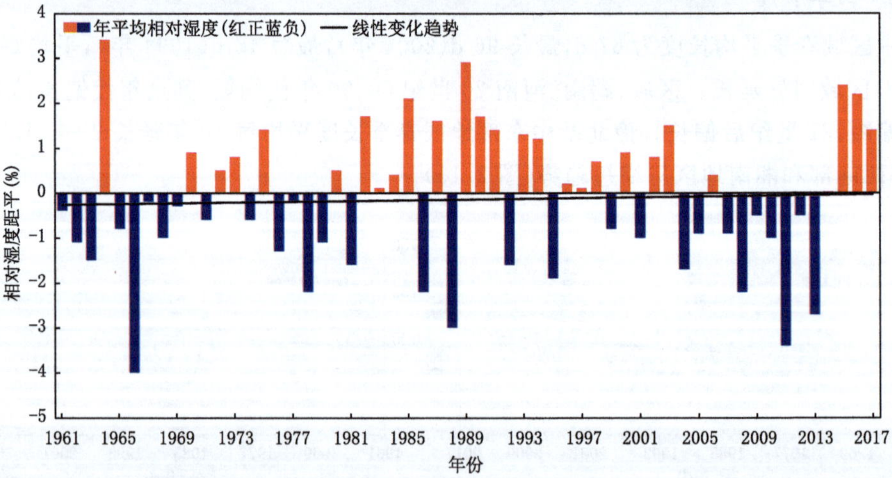

图 2.16 1961—2017 年华中区域年平均相对湿度距平变化

2.1.7 雨季变化

2.1.7.1 梅雨

20 世纪 60 年代至 80 年代前期,长江中游湖北省入梅时间呈波动变化;80 年代中后期及 90 年代以偏早为主;进入 21 世纪以来,以偏晚为主。入梅时间最早为 5 月 27 日(1972 年、1996 年),最晚为 7 月 10 日(1982 年)(图 2.17a)。

1961—2017 年，长江中游湖北省平均出梅时间为 7 月 11 日，出梅时间变化趋势不明显。20 世纪 60—80 年代，出梅时间呈波动变化；90 年代以偏晚为主；进入 21 世纪以来，以偏早为主。出梅时间最早为 6 月 13 日（1994 年），最晚为 8 月 4 日（1998 年）（图 2.17b）。

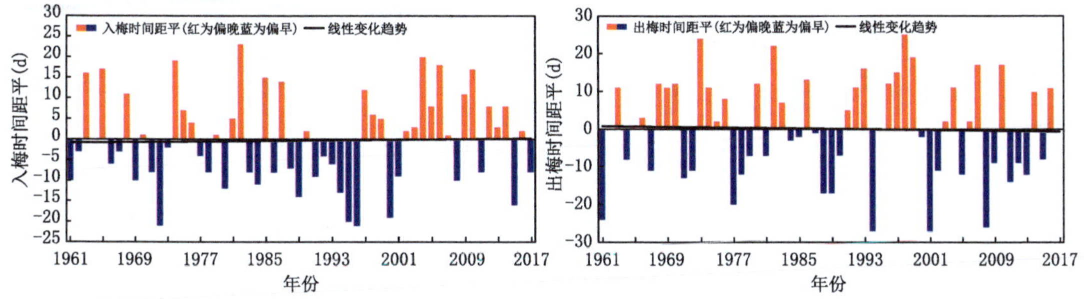

图 2.17　1961—2017 年湖北省梅雨入梅、出梅时间距平变化

1961—2017 年，长江中游湖北省梅雨期长度呈缩短趋势，变率为−0.4 d/10a。20 世纪 60 年代初，梅雨期长度短；60 年代中期至 70 年代初增长；70—80 年代梅雨期长度总体偏短；90 年代梅雨期长度长，进入 21 世纪以来，梅雨期长度短。长度最短的梅雨期出现在 1985 年和 2012 年，仅为 6 d，而最长的梅雨期则出现在 1996 年，为 56 d（图 2.18a）。

1961—2017 年，长江中游湖北省梅雨强度呈增加趋势，变率为 0.07/10a。梅雨强度在 20 世纪 60—80 年代年际变化幅度大，90 年代偏强，进入 21 世纪以来以偏弱为主。最强年出现在 1996 年，为 3.6，最弱年出现在 1965 年，为−1.7（图 2.18b）。

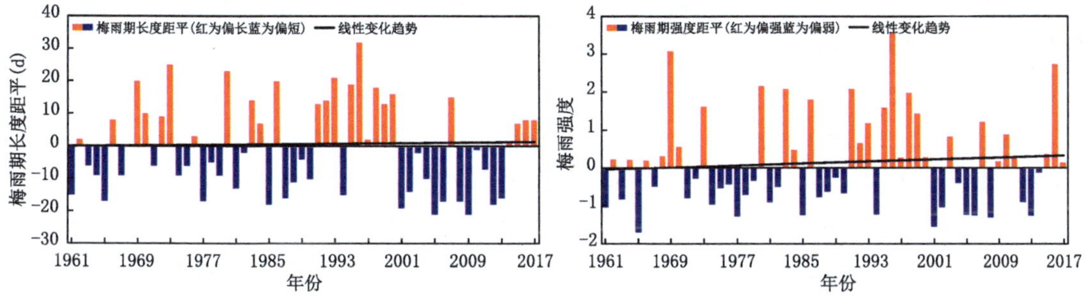

图 2.18　1961—2017 年湖北省梅雨期长度、梅雨强度距平变化

2.1.7.2　秋雨

1961—2017 年，湖北省秋雨开始时间呈提前趋势，变率为 0.51 d/10a。秋雨开始时间在 20 世纪 60 年代至 70 年代初以偏早为主，70 年代中期至 90 年代初期呈波动变化，90 年代中期至 21 世纪初偏晚；21 世纪 10 年代以偏早为主（图 2.19a）。

1961—2017 年，湖北省秋雨结束时间呈推迟趋势，变率为 2.24 d/10a。秋雨结束时间在 20 世纪 60 年代至 90 年代初呈波动变化，90 年代中期至 21 世纪以来以偏晚为主（图 2.19b）。

1961—2017 年，湖北省秋雨强度呈增加趋势，每 10 年变率为 0.06。秋雨强度在 20 世纪 60 年代至 80 年代初呈波动变化，90 年代中期至 21 世纪初以略偏弱为主，21 世纪 10 年代以来以偏强为主。

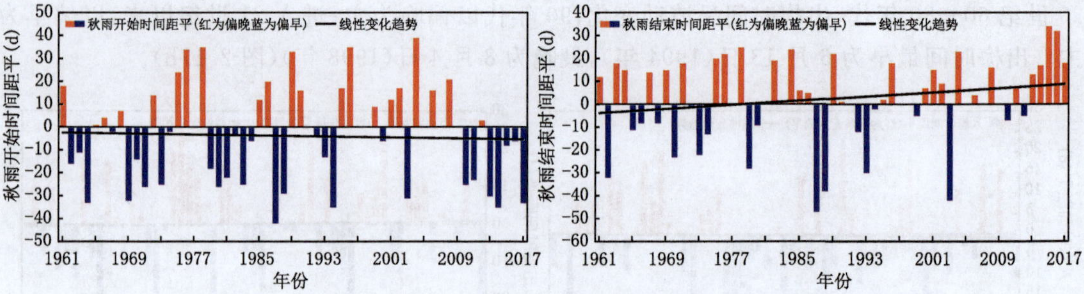

图 2.19　1961—2017 年湖北省秋雨开始、结束时间距平变化

2.1.8　高层大气温度和风

2.1.8.1　平流层、对流层温度

1961—2017 年，华中区域上空平流层下层(100 hPa，约 16500 m)年平均气温呈下降趋势，变率为－0.51 ℃/10a；21 世纪以来，下降速率基本保持不变，为 0.50 ℃/10a。区域平流层下层降温趋势与中国高层大气温度变化总体一致(图 2.20)。

1961—2017 年，华中区域上空对流层上层(300 hPa，约 9300 m)年平均气温呈下降趋势，变率为－0.03 ℃/10a；21 世纪以来，呈上升趋势，变率为 0.42 ℃/10a。华中区域上空对流层低层(850 hPa，约 1500 m)年平均气温呈上升趋势，变率为 0.15 ℃/10a；21 世纪以来，升高趋势放缓，变率为 0.07 ℃/10a，其变化趋势不明显。区域对流层升温趋势与中国高层大气温度变化总体一致(图 2.20)。

2.1.8.2　中低空风速

1981—2014 年，华中区域 1000 m、1500 m 两高度年平均风速呈增大趋势，500 m、2000 m、3000 m 高度年平均风速呈减小趋势，但各高度变化趋势均未通过显著性检验。500～1500 m、2000 m、3000 m 平均风速突变分别在 2010 年前后、1990 年前后及 20 世纪 80 年代。武汉 1000～3000 m 高度风功率密度减小趋势明显，均通过了 0.01 显著性检验(陈城 等，2018)。

2.2　陆地生态的变化

2.2.1　江汉平原地下水位

1981—2017 年，江汉平原荆州站地下水位与年降水量变化趋势基本一致，水位与降水量密切相关。降水量出现丰枯变化时，地下水位响应降水变化也随之产生高低变化，地下水位一般在汛期较高，冬春季较低。1981—2017 年荆州站地下水位阶段性变化特征明显。1981—2002 年，地下水位波动上升，2002 年后缓慢下降。邓青军等(2014)指出，荆州地区地下水位总体呈下降趋势，每年 1—3 月地下水处于较低水位，3 月末或 4 月初水位开始回升，7 月达到高水位状态，持续到 9 月，10 月或 11 月水位开始下降，到 12 月基本到达低水位。

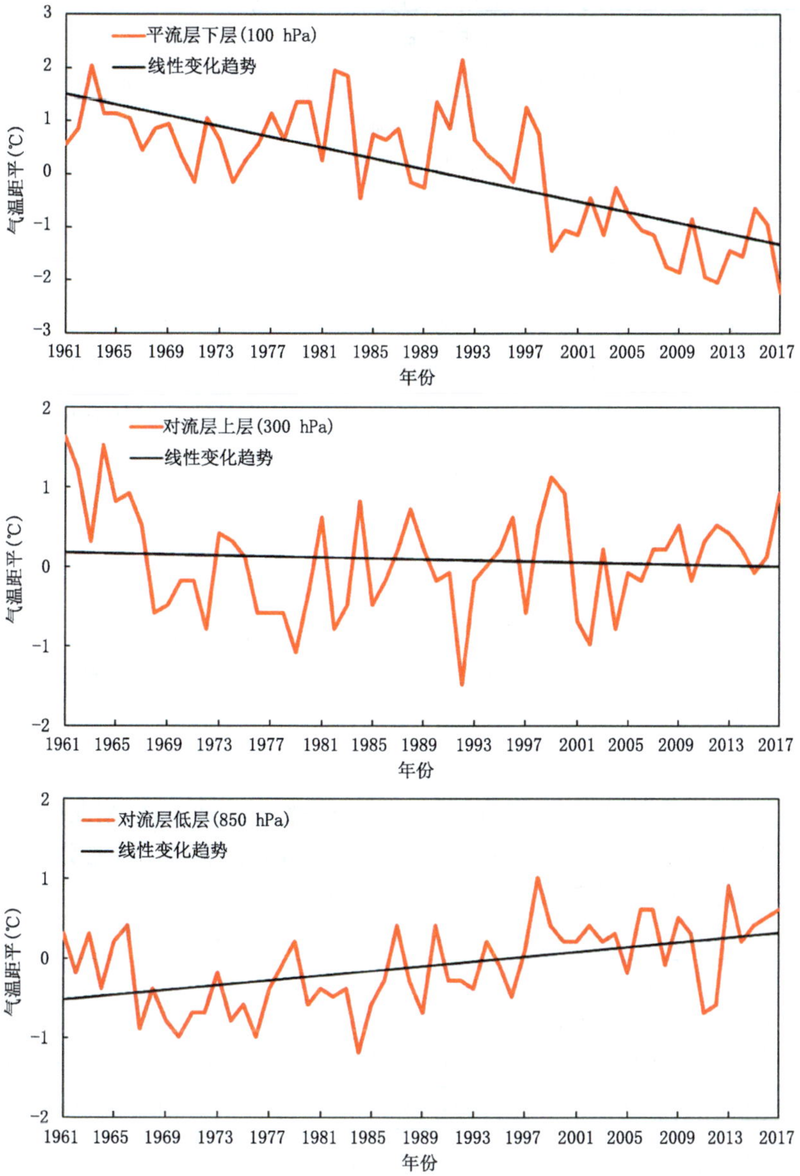

图 2.20 1961—2017 年华中区域高空(平流层下层、对流层上层和低层)年平均气温距平

2.2.2 植被覆盖度和净初级生产力

2001 年以来,湖北省的植被覆盖度整体呈逐渐上升的趋势,其中,2005 年以后植被覆盖度就一直保持在 65%以上(2011 年除外),到 2017 年达到了 68.1%的最大值。2019 年植被覆盖度为 65.5%,与 2001—2019 年平均(65.8%)值持平,是近 5 年来最低。2019 年湖北省中东部出现历史同期罕见、近 60 年来最重的伏秋连旱,使植被生长受到了严重影响。

2000—2018 年,河南省主要森林区(伏牛山生态区、太行山生态区及桐柏大别山生态区)的植被覆盖度均呈增加趋势(张成才 等,2020)。其中,伏牛山生态区 NPP 在 2000—2018 年呈减少趋势;其余2个生态区的NPP呈增加趋势。3个生态区森林生态质量综合评价指数均呈增加趋势,植被覆盖度4月最低,5—9月则稳定在0.85左右;NPP在3个生态区4—9月变化为先增加后减少,伏牛山生态区和太行山生态区NPP均在6月达到最大,桐柏大别山生态区NPP则在7月达到最大。受水、热条件影响,湖北省每年4—10月NPP值超过年度总量的80%。近5年4—10月湖北省年降水量和日照时数在波动中呈上升趋势,年平均气温均高于30年历史均值,气象条件总体对全省NPP总量增加有利。

2.2.3 物候

在影响植物物候期的诸多环境要素(气温、光照、降水、养分等)中,气温所起作用最大(Sparks et al.,2000)。一般来讲,一定范围内,气温升高会使春季物候期提前(Beaubien et al.,2003),秋季物候期推迟(Bradley et al.,1996),植物生长期延长(Menzel et al.,1999)。郑景云等(2002)分析表明,由于20世纪80代以后中国大部地区春季升温及秦岭以南地区降温,中国东北、华北及长江中下游地区,春季平均气温上升,物候期提前;西南地区东部、长江中游及华南地区,春季平均气温下降,物候期推迟。

2.2.3.1 樱花

1981—2016年,武汉大学樱花平均始花期为3月14日,最早为2月26日(2004年)、最晚为3月28日(1985年)。近40年始花期日序数变化趋势不明显,但变率较大,特别是2000年以后(舒斯 等,2018)。

2.2.3.2 旱柳

1981—2018年,华中区域旱柳平均展叶始期河南(郑州)3月8日、湖北(荆州)2月26日、湖南(常德)3月11日,湖南以0.2 d/10a速率呈推迟趋势,河南、湖北分别以2.1 d/10a、3.6 d/10a速率呈提前趋势(表2.2),与郑景云等(2002)研究结果一致。

表2.2　各代表站旱柳不同物候期平均出现日期及变化趋势

站名	展叶始期				开花盛期				落叶始期			
	最早日期	最晚日期	平均日期	变化趋势(d/10a)	最早日期	最晚日期	平均日期	变化趋势(d/10a)	最早日期	最晚日期	平均日期	变化趋势(d/10a)
郑州	2/15	3/20	3/8	−2.1	2/25	4/22	3/24	−3.3	10/18	11/30	11/14	−0.1
荆州	1/28	3/18	2/26	−3.6	2/27	4/8	3/19	−0.8	10/8	12/20	11/18	9.3
常德	2/28	3/27	3/11	0.2	3/14	4/18	3/31	1.2	9/7	11/22	10/9	0.7

注:变化趋势正值表示推后,负值表示提前。

1981—2018年,华中区域旱柳平均开花盛期河南3月24日、湖北3月19日、湖南3月31日,除湖南呈1.2 d/10a推迟趋势外,河南、湖北均呈提前趋势,提前速率分别为3.3 d/10a、0.8 d/10a。

1981—2018年,华中区域旱柳平均落叶始期河南11月14日、湖北11月18日、湖南10月9日,除河南变化趋势不明显外,湖北、湖南均呈推迟趋势,推迟速率分别为9.3 d/10a、0.7 d/10a。

2.2.3.3 蒲公英

1981—2018年,华中区域蒲公英平均展叶始期河南2月20日、湖北2月13日、湖南3月

5 日，除湖南以 11.1 d/10a 速率呈明显推迟趋势外，河南、湖北均呈明显提前趋势，提前速率分别为 6.5 d/10a、3.1 d/10a。

1981—2018 年，华中区域蒲公英平均开花盛期河南 3 月 31 日、湖北 3 月 10 日、湖南 4 月 10 日，除湖南呈 3.5 d/10a 明显推迟趋势外，河南、湖北均呈明显提前趋势，提前速率分别为 6.5 d/10a、4.2 d/10a。

1981—2018 年，华中区域蒲公英平均黄枯始期河南 11 月 14 日、湖北 11 月 30 日、湖南 10 月 29 日，除湖南变化趋势不明显外，河南、湖北均呈推迟趋势，推迟速率分别为 8.3 d/10a、10.7 d/10a。

表 2.3　各代表站蒲公英不同物候期平均出现日期及变化趋势

站名	展叶始期		开花盛期		黄枯始期	
	平均日期	变化趋势(d/10a)	平均日期	变化趋势(d/10a)	平均日期	变化趋势(d/10a)
郑州	2 月 20 日	−6.5	3 月 31 日	−6.5	11 月 14 日	8.3
荆州	2 月 13 日	−3.1	3 月 10 日	−4.2	11 月 30 日	10.7
冷水滩	3 月 5 日	11.1	4 月 9 日	5.5	10 月 29 日	0.5

注：变化趋势正值表示推后，负值表示提前。

2.2.4　典型生态系统 CO_2 通量变化特征

2.2.4.1　江汉平原稻—油连作系统冠层 CO_2 通量

稻—油连作系统有两个 CO_2 通量变化活跃区，中稻田开始于分蘖期，持续到乳熟期，油菜田开始于抽薹期，持续到绿熟期。显然这两个阶段作物叶面积指数较大，生理代谢旺盛，植株白天进行光合作用，吸收同化大气中的 CO_2。油菜收割后闲置期—中稻移栽返青期、水稻收割后闲置期—油菜现蕾期为 CO_2 的净排放期，其他时段为 CO_2 的净固定期。CO_2 交换通量全年峰值出现在 7 月(拔节—抽穗期)(苏荣瑞 等，2012)。

江汉平原稻—油连作系统冠层 CO_2 通量表现出明显的日变化趋势，白天近地层空气中的 CO_2 浓度持续递减，CO_2 通量均为负值，表现为从大气中吸收同化 CO_2，中午时段光合作用最旺盛，田间生态系统吸收的 CO_2 通量达到最大值；夜间向大气释放 CO_2，在一天中交换通量的变幅很大(苏荣瑞 等，2013)。

对水稻不同生长阶段冠层 CO_2 通量、潜热、显热通量变化特征及其影响因素分析结果表明：水稻各生育期冠层 CO_2、潜热、显热通量日变化均表现出明显的单峰特征，但幅度不同，这与太阳总辐射的日变化及下垫面作物叶面积指数大小关系密切。稻田系统作物呼吸与土壤呼吸排放 CO_2，排放通量一方面与温度的变化有关，另一方面也受灌溉、作物生长状况的影响；稻田光合作用吸收同化大气 CO_2，吸收通量与作物群体叶面积指数大小、光合有效辐射强度有关。不同生长期冠层 CO_2 通量与温度因子(气温、5 cm 土层温度)、光辐射强度因子(时光合有效辐射曝辐量)的相关性均达到极显著水平($P<0.01$)，其中，分蘖—灌浆乳熟期 CO_2 净通量对时光合有效辐射曝辐量响应的灵敏度较大，可以通过直角双曲线模型来拟合评估 CO_2 净通量(苏荣瑞 等，2013)。

2.2.4.2　金银湖湖泊湿地水面 CO_2 通量变化特征

08—17 时(白天)金银湖水面 CO_2 浓度持续递减，08—17 时(白天)CO_2 通量均为负值，表明金银湖水体从大气中吸收CO_2,CO_2通量绝对值先增加后减少的过程,最大值出现在12时,为0.032 mg/(m^2·s),19—07时(夜间)金银湖水体CO_2浓度呈上升趋势,CO_2通量均为正值,表明金银湖水体向大气排放CO_2,CO_2通量绝对值先增加后减少,最大值出现在20时,为0.031 mg/(m^2·s),CO_2浓度17时最低,为684.3 mg/m^3,08时最高,为729.2 mg/m^3。

金银湖水面CO_2浓度值春、夏、秋、冬四季08—17时(白天)总体表现为降低趋势,18—07时(夜间)总体表现为上升趋势。且冬季CO_2浓度值最高,在774.2~774.8 mg/m^3,夏季CO_2浓度值最低,在634.8~698.1 mg/m^3,08—22时秋季CO_2浓度值高于春季,22—07时秋季、春季CO_2浓度值相当。

2.2.4.3 神农架大九湖CH_4和CO_2排放

大九湖亚高山沼泽位于神农架山间盆地,盆内具保存完好的连续湖沼沉积(李杰 等,2013)。炭沉积保存的完整性及其特有的亚热带高山沼泽型湿地气候特征,使得大九湖湿地对于研究碳平衡和气候变化具有重要意义。

李艳元等(2017)利用涡度相关法对大九湖泥炭湿地2015年8月至2016年5月CH_4通量进行原位连续观测,结果表明:在日尺度上,大九湖既表现出CH_4排放,也表现出了CH_4吸收,但总体以排放为主;在月尺度和季节尺度上,研究区均表现为CH_4通量的排放;总体表现为甲烷的源。当有维管植物(有通气组织)存在时,CH_4通过植物排放的速率是通过水体扩散的10000倍,而泥炭藓由于缺乏通气组织不能有效地排放CH_4,导致其CH_4排放速率略低于其他类型沼泽地。大九湖地区CH_4日平均排放速率为15.57 μmol/(m^2·s),明显低于我国三江平原毛果苔草沼泽(王德宣 等,2002)和若盖尔高原木里苔草沼泽(高燕 等,2016)等其他类型沼泽地CH_4排放速率;昼夜变化特征较为复杂,CH_4通量具有"夜间极大值"(02时或22时)和"三峰模式"(06时、12时和22时)两种昼夜变化规律,表明大九湖泥炭湿地具有更为复杂的日动态变化。而各月CH_4通量日变化波动范围的不同和CH_4源汇表现形式的不同,归因于各月气温和含水量等环境因子的不同,夏季CH_4排放量明显高于其他季节,其次是秋季、春季,而冬季CH_4排放量最小。

彭凤娇等(2017)对大九湖湿地CO_2通量进行了观测,指出大九湖泥炭湿地生态系统生长季(2016年6—8月)CO_2通量的日变化规律明显,整体呈"U"型曲线,日变化范围为−6.84~6.65 μmol/(m^2·s),10—15时达到吸收峰,08时30分至19时由碳汇转为碳源;非生长季(2015年12月至2016年2月)CO_2通量变化趋势平缓,基本维持碳排放状态,但由于冬季植被凋零,气温很低,其碳排放量明显小于生长季夜间CO_2的排放量;白天生态系统整体呈CO_2排放状态,仅在09时30分至17时表现出微弱的碳吸;生长季的气温与CO_2通量呈二次曲线相关,CO_2通量随气温的升高呈先上升后降低。

第 3 章　极端天气气候事件变化事实

摘要　1961—2017 年，华中区域日最高气温≥35 ℃的高温日数和暖夜日数分别以 3.7 d/10a、9 d/10a 的速率显著增多；20 世纪 90 年代以来极端高温事件频发，2013 年华中区域发生了最严重极端高温事件，区域平均高温日数达 38 d，较常年均值偏多 20 d，湖南、湖北省内超过 60%的地区高温突破极端阈值。日最低气温≤0 ℃的低温日数和冷夜日数都以 3.9 d/10a 的速率显著减少，南部极端低温事件减少速率高于北部。平均降水强度整体呈增大趋势，其中，暴雨及以上降水强度以 0.4 mm/(d·10a)的速率明显增加，且 2010 年以来增速加快。华中区域小时强降水(≥50 mm/h)发生频次 20 世纪 80 年代到 20 世纪末先减后增，21 世纪以来呈波动变化。华中区域日降水极端事件、暴雨日数以及连续无雨极端事件均无显著变化趋势，但呈现较明显的年代际波动。特别是近 20 年来特旱和重涝日数增多，极端性增强。历史上特旱和重涝日数最多的 10 年近半数都发生在该时段。华中区域大雾日数先增加后减少，特别是 1990—2015 年以5.3 d/10a 的速率显著减少；大风日数以 2.0 d/10a 的速率显著减少，2000 年以来，华中区域大风日数事年均发生 2.8 d。

3.1　高温

3.1.1　极端高温事件

1961—2017 年，华中区域极端高温事件年平均 63.5 站次，年代际变化明显。20 世纪 60 年代及 2000 年以后，为极端高温事件多发时期，区域极端高温平均站次比为 0.37；20 世纪 70—90 年代相对出现较少，平均站次比为 0.094。

极端高温事件 1966 年最多，达 591 站次，主要出现在华中区域中北部地区，河南省共 103 站出现 452 站次极端高温事件，极端高温站次比达 4.1。21 世纪以来，极端高温事件以 2013 年最为严重，覆盖湖北及湖南大部，区域共出现 486 站次极端高温事件。

3.1.2　连续高温日数事件

日最高气温连续≥35 ℃的日数称为连续高温日数。当连续高温日数达到或超过极端连续高温日数阈值称出现了极端连续高温日数事件。

1961—2017 年，华中区域极端连续高温事件多年平均为 47.6 站次，20 世纪 60 年代出现较多，70—80 年代减少，90 年代以来再次进入多发期。极端连续高温事件 2013 年最为严重，华中区域 190 站共出现 231 站次极端事件，覆盖整个区域的 65%，站次比达 0.82。1966 年、1971 年和 1992 年为历史上极端事件次多的年份。历史上共 8 年未发生极端连续高温日数事件，分别为 1974 年、1982 年、1984 年、1987 年、1993 年、1996 年、2000 年和 2008 年。

3.1.3　暖昼日数

日最高气温大于或等于气候标准期内当前及前后 2 日第 90%分数位值最高气温称为暖昼。1961—2017 年，华中区域年平均暖昼日数为 27.7 d。近 57 年来呈先减少后增加趋势，20 世纪 70—80 年代为暖昼日数较少时期，2000 年以后为较多时期，其中，2013 年 53 d，为历史最多。

3.1.4　暖夜日数

日最低气温大于或等于气候标准期内当前及前后 2 日第 90%分数位值最低气温称为暖夜。1961—2017 年，华中区域年平均暖夜日数为 71.1 d，呈显著增加趋势，增加速率为 9 d/10a，较暖昼日数增加趋势更为显著。2000 年以来，多次突破历史极大值，其中，2016 年达 120.4 d，为历史最多。

3.1.5　最高气温≥35 ℃日数

1961—2017 年，华中区域日最高气温≥35 ℃的日数平均为 18.9 d，呈先减少后增加趋势。2000 年以来，整体较 20 世纪 70—80 年代偏多，其中，2013 年达 38.5 d，为历史最多。

3.1.6　最高气温≥40 ℃日数

1961—2017 年，华中区域日最高气温≥40 ℃的日数平均为 0.2 d，具有较明显的年代际特征，20 世纪 60 年代及 2000 年以后，为相对多发时期，其他时段发生较少。历史上最多出现在 1966 年，为 2.1 d。

3.1.7　平均气温≥30 ℃且最低气温≥27 ℃日数

1961—2017 年，华中区域日平均气温≥30 ℃且最低气温≥27 ℃的日数平均为 4.7 d，呈增多趋势，变化速率为 0.8 d/10a。2000 年以来，为高发时段，历史前五位均发生在该段时间内。历史上最多为 16.4 d，出现在 2013 年。

3.2　低温

3.2.1　极端低温事件

1961—2017 年，华中区域极端低温事件平均为 69.8 站次，呈减少趋势，减少速率为 31.6 站次/10a。极端低温事件在 20 世纪 60—70 年代及 90 年代初为高发期，其余时段较少，尤其是 90 年代中后期以来，低温事件发生少，23 年仅有 5 年站次数超过 10 站次以上。

华中区域极端低温事件 1969 年最为严重，共出现 799 站次，覆盖大部地区；1967 年、1970 年、1977 年和 1991 年极端低温事件均在 200 站次以上。

3.4.3 雾

1961—2017 年，华中区域年平均雾日数为 23.7 d，总体呈先增加后减少趋势，20 世纪 80 年代中期出现转折，特别是 1990—2015 年以 5.3 d/10a 的速率显著减少。

3.4.4 大风

1961—2017 年，华中区域平均年大风日数为 5.9 d，总体呈显著减少趋势，减少速率为 2 d/10a。20 世纪 80 年代以后，大风日数持续减少，20 世纪 60 年代偏多，平均年大风日数为 13.2 d，1966 年最多(15.8 d)；2000 以后，减少到 2.8 d，2014 年最少(1.8 d)。

第4章　未来气候变化

摘要　未来华中区域年平均气温将继续升高，中期和远期升温明显。区域气候模式RegCM4.4在RCP4.5中等温室气体排放情景下预估表明，与基准期(1986—2005年)(以下简称基准期)相比，华中区域年平均气温近期可能升高1.1℃，中期可能升高2.1℃，远期可能升高2.9℃。空间分布上，未来华中区域年平均气温升幅高值区主要位于湖南省北部，其次为湖北大部及河南西部，湖南南部及河南中东部增幅较小。

未来华中区域降水量整体呈增加趋势，中期可能减少。近期、远期区域年平均降水量可能分别增加2.7%、7.6%，中期降水量可能减少1.9%。空间分布上，未来华中区域年平均降水量主要呈南部减少北部增多分布，其中，湖南省中部及南部减少2%～6%，河南省中北部增加18%～22%，为降水变率较大区域。

4.1　气候模式对华中区域气候变化的模拟能力评估

4.1.1　气温变化的模拟评估

基准期模式模拟的区域月平均气温与观测值一致性较好，最高、最低值出现月份均较为一致，春、夏季模拟差值较大，秋、冬季模拟值和观测值较接近，整体模拟值较观测值偏低0.6℃。模式整体上能较好地反映华中区域平均气温的年内变化特征。

从气温空间分布场来看，模拟结果基本反映出区域气温南高北低的分布特征，能较好地模拟出湘南、鄂东南的高温中心和湘西北、鄂西南交界处、湖北神农架林区及豫西的低温中心，但高、低温中心位置略有差异。区域大部地区模拟值较观测值有±0.4℃的偏差，其中，湖北大部、豫西及湘西出现0.8～1.2℃的负偏差，豫东及湘东局部出现0.4～0.8℃的正偏差。负偏差较大区域主要位于湖北西部及河南西北部，均为高山地区，地形较为复杂，而气温对地形高度有很强的依赖关系，这可能是导致模拟偏差较大的原因。

4.1.2　降水变化的模拟评估

基准期模式模拟区域月平均降水与观测值比较一致，模拟最大值出现在6月，观测最大值出现在7月，整体上模拟值较观测值偏大，其中7—12月的偏差较小。与气温相比，降水模拟随时间变化较差，但整体仍能较好地反映出区域降水的年内变化特征。

从降水空间分布场来看，模拟结果不仅能够准确给出区域年降水量南多北少的格局，且湖南省中部、湖北省西南部和湖北省东北部的多雨区、湖南省西南部的少雨区、1300 mm 和 800 mm 降水量等值线的南北位置和观测结果差异也较小，仅湖南省和湖北省西部局部及河南省局部地区出现正偏差 200～400 mm，其余大部地区偏差在±100 mm。

结果表明，所用模拟数据能较好地再现华中区域气温和降水的时空变化。与气温相比，降水随时间变化模拟状况较差，但空间模拟性能更优。

4.2　华中区域平均气温、降水预估

4.2.1　时间变化

华中区域 2020—2100 年平均气温以 0.3 ℃/10a 的趋势增加，整体上升 2.1 ℃，年际波动变化较为明显，与基准期相比升温幅度为 0.4～3.8 ℃。21 世纪 20—40 年代整体气温升幅维持在 1.1 ℃左右，40 年代开始气温升幅呈明显波动上升趋势，升幅在 1.5～2.0 ℃附近振荡，50 年代末期开始至 90 年代初期，气温升幅多维持在 2.5～3.0 ℃。远期气温升幅为 2.9 ℃，远超过近期(1.1 ℃)和中期(2.1 ℃)，但远期气温呈每 10 年降低 0.11 ℃的变化趋势，近期和中期则分别呈现每 10 年上升 0.27 ℃和 0.46 ℃的变化趋势。升温峰值出现在 50 年代，气温年际变化较任永建(2012)研究相比波动更为剧烈，且升温峰值时间提前(图 4.1，表 4.1)。

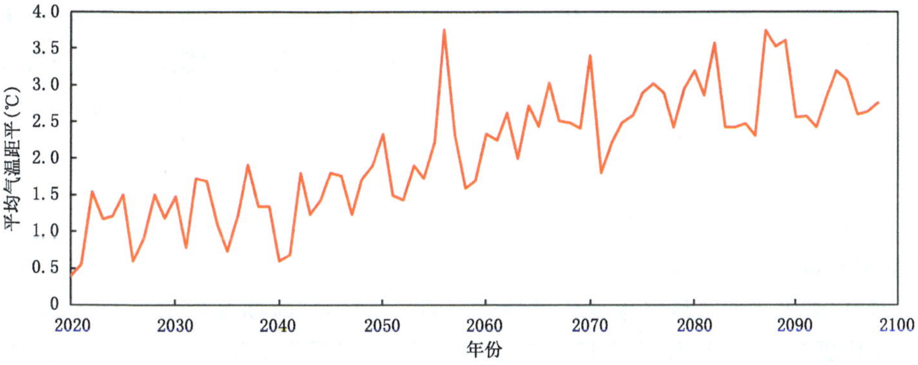

图 4.1　未来在 RCP4.5 情景下 2020—2100 年华中区域平均气温距平变化

表 4.1　未来不同时期华中区域平均降水、气温变化幅度和趋势

时段	2020—2100 年	2021—2040 年	2041—2060 年	2081—2100 年
降水变化(%)	2.8	2.7	−1.9	7.6
降水变化趋势(mm/10a)	7.7	−21.1	18.2	35.0
气温变化(℃)	2.1	1.1	2.1	2.9
气温变化趋势(℃/10a)	0.30	0.27	0.46	−0.11

温室气体强迫导致的变暖以及升温幅度的区域不同，影响未来大气环流和大气持水能力，从而影响降水变化(张冬峰 等，2017)。未来在 RCP4.5 情景下，华中区域 2020—2100

年降水相比基准期增加 2.8%,无明显变化趋势。近期降水变率和 2020—2100 年接近,但呈−21.1 mm/10a 的变化趋势,中期、远期降水分别呈现 18.2 mm/10a、35.0 mm/10a 的变化趋势,但中期降水减少 1.9%,远期增加 7.6%。未来降水多以正距平为主,尤其是 21 世纪 20 年代、40 年代初期、70 年代初期、80 年代会出现持续降水正距平的异常状况(图 4.2,表 4.1)。

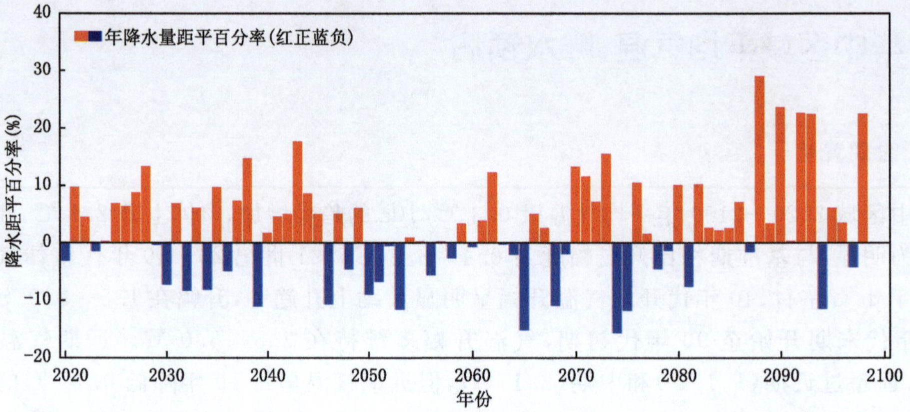

图 4.2　未来在 RCP4.5 情景下 2020—2100 年华中区域平均降水距平百分率变化

4.2.2　空间变化

RCP4.5 情景下,2020—2100 年华中区域大部地区平均气温升幅在 2 ℃左右,除湘南地区升幅低于 2.0 ℃,其他地区均高于 2.0 ℃,高值区主要位于湘北,升幅接近 2.3 ℃;鄂北地区升幅为 2.1～2.2 ℃,其他大部地区升幅高于 2.2 ℃;河南仅西部局部地区升幅高于 2.1 ℃,其他地区升幅为 2.0～2.1 ℃。区域升温速率整体呈现南低北高的分布,湘南升温速率为0.24～0.29 ℃/10a,湘北大部、鄂西南及东部为 0.29～0.30 ℃/10a,湖南和湖北交界地区的中部、鄂北大部升温速率为 0.30～0.31 ℃/10a,河南大部地区升温速率超 0.30 ℃/10a,尤其是豫东北东部,升温速率超 0.35 ℃/10a。

整体而言,未来华中区域降水变化趋势并不明显,但不同时期变化情形不同,与气温相比,降水空间变化更为复杂,河南、湖北除鄂东南以外地区、湘西北及湘南中部呈增加趋势,鄂西南与湘西北交界处增加速率为 22 mm/10a,其余地区呈减少趋势。未来华中区域降水量分界线呈东北—西南走向,整体为南部减少、北部增多分布,湖南大部减少约 2%～6%,湘西北和鄂西南交界处有一个降水增加高值区,增加 10%～14%;湖北江汉平原南部及鄂东南减少 6%～8%、神农架林区减少约 25%,其他地区均有增加,鄂西南北部增加约 10%～12%,鄂东北东部增加约 8%～10%;河南全省降水一致增加,中部、豫北出现增加 18%～22%的高值区,东、西部大部地区增加 6%～8%。

4.2.3　1.5 ℃和 2.0 ℃升温阈值下华中区域气候变化

本书中 RCP4.5 排放情景下,全球平均气温升高达 1.5 ℃的时间为 2030 年,达到2.0 ℃的时间为 2044 年,参考已有研究方法(李东欢 等,2017),选取 2030 年及其前后 4 年共 9 年作为 RCP4.5 排放情景下到达 1.5 ℃温升的分析时段,选取 2044 年及其前后 4 年共 9 年作为到达 2.0 ℃温升的分析时段。

1.5 ℃温升背景下，华中区域平均升温 1.2 ℃，大部地区升温 1.1～1.3 ℃，湖南南部升温多在 1.0 ℃左右，湘北地区升温为 1.3～1.5 ℃；湖北南部升幅高、北部升幅低，升温多在 1.2～1.4 ℃；河南全省升温在 1.2 ℃以下，豫东北东部小范围地区升温不超过 1.0 ℃。升温达到 1.5 ℃时，华中区域降水平均增加约 2%，湖南除湘西南部、北部小范围增加 4%～8%外，其他大部地区减少 4%～8%；湖北省江汉平原及东南部减少 4%～12%，其他地区增加 4%～8%；河南全省趋于增多，北部小范围增加 32%～40 %。

2.0 ℃温升背景下，华中区域平均升温 1.4 ℃，湖南南部升温 1.3 ℃左右，北部大部地区升温超 1.4 ℃；湖北鄂西南西部、鄂东北北部及鄂东南地区升温超 1.4℃，其他地区多升高 1.3～1.4 ℃；河南南部升温多高于 1.3 ℃，北部多低于 1.3 ℃。降水整体增加约 4%，湖南东部大部地区减少不足 4%，长株潭区中部及湘南区南部减少 4%～8%，湘西大部地区增加 4%～8%，湖南西北和湖北西南地区交界处增加 12%～20%；湖北除鄂西北中部和鄂东南中西部趋于减少外，大部地区减少不足 4%，鄂东南中部减少 4%～8%，鄂西北大部、江汉平原及鄂西南增加 4%～12%；河南除南部小范围减少不足 4%外，其余大部地区增加约 4%～12%，豫北、豫南和豫中形成一个开口向西的“U”型高值区，降水增加 12%～16%。

第5章　气候风险预估

摘要　未来华中区域极端高温和极端降水事件趋多趋强，暴雨洪涝和高温灾害风险可能增大。RCP4.5中等温室气体排放情景下，区域近期大雨日数、暴雨日数和最大连续5 d降水量较基准期分别增加4.7%、20%和9.5%，中期分别增加0.7%、20%和11.7%；空间分布上，近期暴雨日数和最大连续5 d降水量增加的高值区主要位于河南，中期则位于湖南；近期、中期大雨日数增加的高值区主要位于河南。华中区域近期高温日数和日最高气温较基准期分别增加1.7倍和3.9%，中期分别增加2.7倍和6.4%。高温日数增幅高值区主要位于中东部，尤以湖南最为明显；日最高气温增幅高值区近期和中期主要位于区域北部。结合未来人口和经济发展情景，21世纪近期、中期至远期，高温灾害高风险区较基准期分别扩大了5.9%、8.0%和8.8%，风险高值区主要集中在区域中东部，西部大部为低风险。暴雨洪涝灾害高风险地区面积中期、远期分别为10.7%、13.4%；与基准期相比，高风险地区面积近期、中期、远期分别增加0.5%、1.1%、3.8%，高风险区域呈现向区域北部扩展的趋势。

5.1　暴雨洪涝灾害风险预估

5.1.1　降水强度和降水日数的变化

华中区域江南地区连续出现极端降水的概率较大，易造成连续强降水的累积，从而增加洪涝灾害发生的可能性；黄河中下游段出现强降水的概率高，连续出现极端降水的频率也相对较高（闵屾 等，2008）。选取洪涝相关极端降水指数：最大连续5 d降水量（R5d）和大雨日数（R20）、暴雨日数（R50），并计算华中区域基准期以及未来不同时期极端降水指数的平均值和最大值（表5.1）。

表5.1　华中区域极端降水指数R5d、R20、R50的变化

时间段	R5d(mm)		R20(d)		R50(d)	
	平均值	最大值	平均值	最大值	平均值	最大值
1981—2010年	136.5	188.2	14.6	23.8	2.0	4.1
2021—2040年	149.3	220.3	15.4	25.1	2.4	5.1
2041—2060年	152.3	218.0	14.8	25.3	2.4	5.3
2061—2080年	151.7	241.5	14.9	28.8	2.5	5.9
2081—2100年	162.3	286.0	16.6	26.2	3.0	6.1

与基准期相比，随着温室气体浓度的升高，华中区域未来不同时期 R5d 的年平均值以及最大值总体是逐渐增大的，并在远期达到极大值(年平均为 162.3 mm，最大值为 286.0 mm)。基准期 R5d 为 150~175 mm 的区域主要分布在鄂东以及湘西北，局部超过 175 mm。R5d>150 mm 的区域，近期向北扩展至豫东南，并且河南和鄂东交界处、湖北和湘西交界处超过 175 mm。中期范围南延至几乎整个湖南，但北扩不明显，鄂东、鄂西以及湘西北将超过 175 mm，湖南、湖北局部超过 200 mm。中远期范围有所缩小，豫东和湘西北、湘东南将超过 175 mm，湖南、湖北局部超过 200 mm；远期范围继续向北扩展至豫北，鄂中南、豫东南和湘北、湘东南，将超过 175 mm，鄂东、湘西北超过 200 mm(表 5.1)。

未来 4 个时期，华中区域 R20 的年平均值较基准期分别增加 0.9 d、0.2 d、0.3 d、2.0 d，最大值分别增加 1.3 d，1.5 d，5 d、2.4 d。基准期 R20>15 d 的地区主要集中在湘中南和鄂中南、鄂东南和湘东，均超过 20 d。近期平均值略有增加，为 15.4 d，最大值为 25.1 d，年均高于 15 d 的地区与基准期基本一致，10～15 d 的区域北扩至豫北，但 20 d 以上区域有所缩小；到中期和中远期，20 d 以上区域先增加后又减小；远期，R20>20 d 的区域比基准期和其他时期有所扩大，湘北、湘南局部和鄂南超过 20 d，湘南以及鄂南局部超过 25 d(表 5.1)。

未来 4 个时期，华中区域 R50 的年平均值较基准期分别增加 0.4 d、0.4 d、0.5 d、1 d，最大值分别增加 1.0 d、1.2 d、1.8 d、2.0 d。基准期 R50>3 d 的地区主要集中在鄂东，鄂东南局地，均超过 4 d。近期年均高于 3 d 的地区较基准期有所扩大，主要集中在鄂东南、鄂西南、豫东南以及湘西局地；到中期，3 d 以上区域有所改变，集中在鄂东南、鄂西南以及湘西北；中远期和近期分布较一致；远期，R50>3 d 的区域比基准期和其他时期都有所扩大，湘北、鄂南、豫东南超过 4 d(表 5.1)。

R20、R50、R5d 每 10 年将分别增加 0.14 d、0.09 d、2.44 mm，增加趋势不明显。RCP4.5 中等温室气体排放情景下，华中区域远期大雨日数、暴雨日数、最大连续 5 d 降水量达 16.7 d、3.0 d、170.8 mm，较基准期分别增加 1.9 d、1.0 d、34 mm(表 5.2)。

表 5.2　华中区域 21 世纪极端降水指数的变化

指数	线性变化趋势(2021—2100 年)	平均值远期
R20	0.14 d/10a	16.7 d
R50	0.09 d/10a	3.0 d
R5d	2.44 mm/10a	170.8 mm

5.1.2　致灾危险度评估

基于上述 R5d、R20 和地形高度数据，对各指标进行叠加后，得到华中区域洪涝致灾危险度评估结果。结果表明，华中区域平均洪涝致灾危险度在基准期为 0.47，未来 4 个时期分别为 0.46、0.45、0.41、0.50，呈现先减小后增大的趋势。

无论是基准期还是未来 4 个时期，洪涝致灾危险度等级较高的地区集中在华中区域中部。远期，原位于湖南的致灾危险度为Ⅴ级和Ⅳ级的范围比基准期的范围减少，但湖北、河南的致灾危险度Ⅴ级和Ⅳ级的范围则有所扩大，即洪涝致灾危险度等级较高地区北移趋势较明显。中、远期，致灾危险度为Ⅳ级以上的范围较基准期的范围整体锐减，仅集中出现在鄂东、湘西北及湘东。

华中区域基准期以及未来4个时期洪涝致灾危险度的格局变化如下:Ⅳ级以上风险的面积,远期最高,达53.3%;次高是基准期,为48.6%;中、远期最低,为21.3%;近期、中期缓慢减少。未来随着温室气体排放的增加,洪涝灾害的致灾危险度将先减小后增大(表5.3)。

表5.3 RCP4.5排放情景下华中区域洪涝致灾危险度等级变化(%)

等级	1981—2010年	2021—2040年	2041—2060年	2061—2080年	2081—2100年
Ⅰ	22.0	10.8	20.1	21.5	10.2
Ⅱ	13.1	17.3	14.7	21.4	15.3
Ⅲ	16.4	32.8	19.9	35.8	21.2
Ⅳ和Ⅴ	48.5	39.1	45.3	21.3	53.3

5.1.3 承灾体易损性预估

根据洪涝承灾体易损度计算公式和专家打分法,综合得到华中区域基准期及未来4个时期的洪涝承灾体易损度。华中区域平均洪涝承灾体易损度在基准期以及未来4个时期分别为0.21、0.22、0.23、0.23、0.23,呈略增大趋势。

洪涝承灾体易损度高值区(易损度>0.4)集中在华中区域各省省会城市及其周边地区,主要是因为这些城市的人口密度和GDP都非常高。基准期易损度的高值区主要位于豫中北、湖北和湖南的中东部;易损度中等和较低的地区主要分布于西部山区;远期较基准期,湖北和湖南高易损度的范围变化不大,河南增加趋势较明显。未来华中区域洪涝承灾体易损度≥0.1的地区不断扩大,在中期和远期分别达到最大值,较基准期均增大了2.4%。

5.1.4 暴雨洪涝灾害风险预估

将以上计算结果进行综合和标准化,得到华中区域基准期及未来4个时期的暴雨洪涝灾害风险分布。华中区域平均暴雨洪涝灾害风险在基准期以及未来4个时期分别为0.10、0.10、0.10、0.09、0.11,未来4个时期区域暴雨洪涝灾害风险与基准期相比变化不大。

未来各个时期,暴雨洪涝灾害风险较高的地区主要在华中中东部,西部大部为低风险;暴雨洪涝灾害风险高值区(风险值≥0.2)主要位于豫中,武汉和长沙及其周边地区。此外,暴雨洪涝灾害高风险区还零星分散在部分城市,例如宜昌、荆州等。

未来4个时期,暴雨洪涝灾害高风险地区面积(Ⅳ级和Ⅴ级的面积之和),远期最高,为45.2%;中远期最低,为33.5%;而近期和中期较基准期减少0.9%以及增加1.1%。未来随着温室气体排放的增放,发生暴雨洪涝灾害的区域虽然变化不大,但高风险区域大体上先减小后增大(表5.4)。

表5.4 RCP4.5排放情景下华中区域暴雨洪涝风险等级变化(%)

等级	1981—2010年	2021—2040年	2041—2060年	2061—2080年	2081—2100年
Ⅰ	11.9	8.8	10.6	11.4	9.3
Ⅱ	24.3	26.9	24.7	28.3	24.1
Ⅲ	24.7	26.1	24.5	26.8	21.4
Ⅳ和Ⅴ	39.1	38.2	40.2	33.5	45.2

5.2　高温灾害风险预估

5.2.1　高温强度和高温日数的变化

华中区域干热型高温主要出现在河南，表现为日最高气温和日最低气温高、昼夜温差小、太阳辐射强、相对湿度小。闷热型高温由于夏季水汽丰富、相对湿度大，主要出现在湖北和湖南。根据华中区域高温的特点，选取年高温日数(SU35)和年日最高气温最大值(TXx)两个极端高温指数，计算华中区域基准期以及未来 4 个时期极端高温指数的平均值和最大值(表 5.5)。

表 5.5　华中区域极端高温指数 SU35、TXx 的变化

时间段	SU35(d)		TXx(℃)	
	平均值	最大值	平均值	最大值
1981—2010 年	7.1	26.1	36.0	38.4
2021—2040 年	18.0	47.9	37.4	39.6
2041—2060 年	23.6	58.8	38.3	40.4
2061—2080 年	31.9	69.9	38.8	41.0
2081—2100 年	35.1	73.0	39.2	41.6

随着温室气体浓度的升高，华中区域未来 4 个时期 SU35 的年平均值以及最大值较基准期逐渐增大，远期达到极大值(年平均为 35.1 d，最大值为 73 d)。区域基准期 SU35 平均为 7.1 d，仅湖北和豫东为 10～30 d。近期和中期，仅西部山区<10 d，东部局部高于 30 d。中远期和远期，30 d 以上区域较之前扩大至河南和鄂东，湖南大部，且湖北和湘东达 50 d 以上(表 5.5)。

未来不同时期，区域 TXx 年平均值以及最大值较基准期逐渐增大，并在远期达到极大值(年平均为 39.2 ℃，最大值为 41.6 ℃)。基准期 TXx 为 37～38 ℃的范围主要分布在华中区域东部；近期向西扩大至区域大部，且在东部局部超过 39～40 ℃。中期和中远期 TXx 达 39～40 ℃的范围逐渐西扩大至鄂中东、河南和湖南大部，并且区域东部局部将超过 40 ℃；远期 40 ℃以上的范围继续向西扩展至河南大部，湖北、湘东，并且区域东部局部将超过 41 ℃(表 5.5)。

未来百年高温日数(SU35)和日最高气温最大值(TXx)为增大趋势，每 10 年将分别增加 3.0 d和 0.3 ℃，表明未来华中区域高温日数将会增多，极端最高气温也将会升高。远期平均高温日数和平均最高气温达 36.2 d 和 39.4 ℃，较基准期分别增加 29.5 d 和 3.2 ℃。

5.2.2　致灾危险度评估

基于上述 SU35 和 TXx 分析，对各指标进行叠加后，得到华中区域高温致灾危险度评估结果。结果表明，华中区域平均的高温致灾危险度在基准期以及未来 4 个时期分别为 0.49、0.56、0.59、0.61、0.61，呈逐渐增大趋势。

无论是基准期还是未来 4 个时期，高温致灾危险度等级较高的地区集中在华中区域东南部，且危险度为Ⅳ和Ⅴ级的地区不断扩大。中远期和远期，原位于湖北、湖南的致灾危险度为Ⅴ级的范围比基准期和其他未来时段的范围明显增大。未来不同时期，华中区域高温致灾危险度Ⅳ级以上风险的面积的格局变化如下：远期最高，为 73.1%，基准期最低，其他未来时期逐步增加。未来随着温室气体排放的增加,高温灾害的致灾危险度将逐渐增大(表 5.6)。

表 5.6 RCP4.5 排放情景下华中区域高温致灾危险度等级变化(%)

等级	1981—2010 年	2021—2040 年	2041—2060 年	2061—2080 年	2081—2100 年
Ⅰ	0.1	0.1	0.1	0.0	0.4
Ⅱ	16.8	14.3	12.4	9.9	10.3
Ⅲ	32.2	21.2	18.8	17.8	16.2
Ⅳ和Ⅴ	50.9	64.4	68.7	72.3	73.1

5.2.3 承灾体易损性评估

根据高温承灾体易损度计算公式和专家打分法,综合得到华中区域基准期及未来 4 个时期的高温承灾体易损度分别为 0.228、0.234,0.242、0.244、0.242。未来不同时期与基准期相比变化不大,呈略增大趋势。

所有时期高温承灾体易损度高值区都在华中区域各主要大城市,特别是郑州、武汉和长沙。基准期易损度的高值区主要位于豫中北、湖北和湘中东。远期较基准期高易损度的范围变化不大,河南、湖北和湖南有增加趋势。易损度中等和较低的地区主要分布于西部山区。未来华中区域高温承灾体易损度≥0.2 的地区不断扩大,远期达到最大值,较基准期增大了 6%。

5.2.4 高温灾害风险预估

将以上计算结果进行综合和标准化,得到华中区域基准期及未来不同时期的高温灾害风险分布。基准期以及未来 4 个时期,华中区域平均高温灾害风险分别为 0.130、0.152、0.164、0.170、0.168,未来不同时期与基准期相比变化不大,但趋势是逐渐增大的。未来 4 个时期,高温灾害风险高值区(风险值≥0.2)的地区主要集中在华中中东部,西部大部为低风险。未来近期、中期、远期Ⅴ级高温灾害高风险地区较基准期分别扩大了 5.9%、8.0%、8.8%。随着温室气体排放的增加,未来高温灾害的范围呈逐步增大趋势(表 5.7)。

表 5.7 RCP4.5 排放情景下华中区域高温风险等级变化(%)

等级	1981—2010 年	2021—2040 年	2041—2060 年	2061—2080 年	2081—2100 年
Ⅰ	15.7	14.7	13.0	10.9	12.1
Ⅱ	19.8	16.2	15.8	16.9	14.9
Ⅲ	17.2	17.1	17.7	17.4	18.3
Ⅳ和Ⅴ	47.3	52.0	53.5	54.8	54.7

专题评估篇

第 6 章　气候变化对农业的影响及对策建议

摘要　全球气候变暖背景下，华中区域冬小麦种植界线北移及抗寒性弱的冬小麦品种向北、向西扩展，弱冬性的品种替代强冬性品种，春性品种的种植北界平均向北移动了 230 km。小麦不同生长期升温后气温仍在适宜范围内，越冬期缩短、返青和抽穗期提前，抽穗—灌浆—成熟时间延长，对冬小麦提高千粒重和产量总体有利。升温对小麦增产的作用随着气温升高减弱。积温增加使双季稻北界比 1961—1990 年北移了 30～100 km。区域北部水稻抽穗—成熟期延长，对产量有利；中南部水稻因升温生育期缩短，干物质积累减少，相同品种产量有减少的趋势。灌浆结实期高温热害增多使糙米率、精米率、整精米率等碾米品质下降，垩白、糊化度增加，透明度降低。区域北部夏玉米全生育期每 10 年延长 2.1 d，气候条件对夏玉米产量有利。由于热量资源增加，2000 年以后北部小麦、玉米套种模式改为麦后直播玉米，早熟玉米品种被中熟品种取代，麦后直播玉米比套种模式平均增产 3.4%。气候变暖使区域中南部柑橘最适宜种植区显著增大，柑橘春季芽开放、开花期提前，成熟期推迟，芽开放到采收的天数增加。湖北南部和湖南大部花期高温热害、果实生长膨大期干旱风险增加，造成产量不稳定。柑橘木虱越冬区域有明显北扩，湖南省柑橘黄龙病发生风险增大。气温升高使茶树冻害、春霜冻减轻，春茶开采期提前，茶叶生长季延长，有利于茶叶产量增加。区域油菜最适宜种植区面积显著扩大、次适宜种植面积显著减少，油菜适宜播种期推迟。湖南省油茶最适宜种植区面积扩大，油茶冻害风险降低，但高温热害影响增大。冬季升温对耐寒性较差的热带、亚热带鱼类的安全越冬有利。21 世纪以来倒春寒发生次数、范围及程度都有所减轻，有利于提高淡水鱼类繁殖成活率。干旱事件增加不利于发展池塘养殖，过度发展水产养殖又加重干旱发生。21 世纪以来暴雨洪涝、极端高温事件多发对淡水养殖的影响较大。极端高温事件使养殖水体水质变差、鱼类病害增多，温水性鱼类摄食功能下降，消化吸收率降低，生理代谢不良，抗应激能力下降。未来气温升高、大部地区降水增多，使区域农作物更加丰富多样；升温及降水的不均匀性增强，使高温热害、旱涝灾害风险增大，对农作物产量及品质不利影响更加明显。

6.1　气候变化对区域粮食作物的影响

6.1.1　冬小麦

6.1.1.1　对冬小麦种植结构的影响

冬小麦是我国三大粮食作物之一，李祎君和王春乙(2010)研究发现，全国三种作物种植比例与年平均气温存在一定的关系,年平均气温低于 15 ℃时,小麦、玉米种植比例高于水稻的种植比例。当年平均气温高于 15 ℃时,水稻的种植比例明显占优势,玉米、小麦的种植比例减小。在全球气候变暖背景下,尤其是冬季明显升温、极端天气气候事件增多的背景下,冬小麦种植界线北移及抗寒性弱的冬小麦品种向北、向西扩展,弱冬性的品种替代强冬性品种(邓振镛 等,2010)。杨晓光等(2014)以冻害发生频率为 20%的等值线作为冬小麦不同冬春性品种北界,以冬小麦不同冬春性品种完成春化阶段所需日数为不同属性品种的南界,分析认为:华中区域内,1951—1980 年强冬性小麦品种的可种植区域主要位于河南西峡—固始一线以北大部,受气候变化影响,1981—2010 年该界线整体北移至栾川—沈丘一线,强冬性小麦可种植面积减少。弱冬性品种的种植北界变化在河南省相对明显,西部由三门峡地区,西扩至覆盖全省,中东部由焦作—郑州—商水—固始一线北移至黄河以北的新乡地区,弱冬性品种可种植面积明显扩大。弱冬性品种的理论种植南界保持在湖南中南部,变化较小。春性品种的种植北界由湖北省北部扩展到南阳南召—新乡—柘城一线,平均向北移动了 230 km。未来气候变暖,可能使区域冬小麦界限继续北移,冬性品种适宜范围进一步缩小,弱冬性品种、春性品种可种植面积进一步扩大。

6.1.1.2　对冬小麦生育期的影响

华中区域冬小麦每年 9 月中旬至 10 月下旬播种,次年 5 月下旬至 6 月上旬收获完毕。受气候变化影响,区域内冬小麦种植时间略推迟,生育期存在缩短趋势,不同地区缩短 2～5 d 不等(孙新素 等,2017)。

河南省是我国冬小麦主产区,冬小麦种植面积占整个区域的 80%以上。成林(2011)认为,1981 年以来河南省冬小麦播种日期和返青普遍期变化不明显,越冬期南部明显缩短,北中部局部延长;抽穗普遍期显著提前,平均提前速率为 2.9 d/10a,成熟普遍期按 1.4 d/10a 的速率显著提前。播种—返青期持续天数平均为 124.6 d,受气候变化影响的规律不明显;返青—抽穗期平均为 61.8 d,全省变化率为 4.3 d/10a。返青前冬小麦要经历春化作用和幼穗分化的初期。幼穗分化随着最低气温的升高而提前结束,但籽粒灌浆期并未随气温升高而明显缩短,河南冬小麦生产“两长一短”的特点发生了变化,“春化时间长”的特点受气候变化影响较小,“幼穗分化期长”的优势在减小,而“灌浆时间短”的劣势随气候变化在改善。湖北冬小麦整个发育期也呈现缩短趋势,但趋势小于北部地区。未来升温可能使区域冬小麦发育期有进一步缩短的趋势。

6.1.1.3　对冬小麦产量的影响

20 世纪 80 年代以后,冬小麦产量不断提升,增产与农业政策改变、农民生产积极性提高、耕作技术明显提升关系最为密切。冬小麦全生育期气温变化对产量也有一定的影响效应,它直接影响冬小麦的生长、干物质的分配和产量。受气候变化影响,冬小麦不同生长季都出现升温,大部分生育期平均气温的升幅大于最高气温的升幅,但气温仍然在适宜范围内,升温促进植株的呼吸作用,从而加速光合物质的分解转化。房世波等(2010)研究认为,气温对作物产量的影响是非线性的,达到最适气温之前,气温升高对作物的光合速率有促进作用,净光合速率增加,从而有利于干物质的积累,气温高于最适气温后,产量才会迅速下降;平均气温升幅相对较大的是越冬期、返青期和抽穗开花期,升温会导致作物发育期提前(成林 等,2010),越冬、返青和抽穗期升温使冬小麦越冬期缩短,返青和抽穗期提前,而灌浆期气温变幅相对较小,故抽穗—灌浆—成熟时间延长，这对于冬小麦灌浆攻籽、提高千粒重和产量有利。

成林等(2011,2012)提取不同时段的气候产量，利用气候增产量占实际产量增加量的百分比计算气候变化对冬小麦单产的影响：相对于 1961—1981 年，随着技术进步，冬小麦趋势产量的不断提高，气温对冬小麦单产的贡献率也在不断提高。20 世纪 80 年代为一个相对冷期，气温对单产有 2.3%的负影响，90 年代以后气温大幅升高，1991—2000 年冬小麦实际单产相对于 1961—1981 年增加了 173.4%，其中，升温引起的增产达到了 400.2 kg/hm²，相当于对实际增产的贡献率为 15.6%。2001 年以后，相对于基准时段变暖对增产的贡献率达 20.7%。将 1991—2000 年设定为比较时段，2001—2007 年冬小麦生长季内平均气温比 1991—2000 年高出 0.38 ℃，但升温后的 2001—2007 年气候增产量仅有 10.6 kg/hm²，相对于 1991—2000 年的实际增产量仅有 1%的贡献率。2001—2007 年冬小麦实际平均单产较 20 世纪 90 年代增加了 26.5%，与变暖前相比，升温引起的增产量在实际增产量中的比重降低，表明升温的增产作用是有限的。冬小麦全生育期气温显著升高以后，相对于 20 世纪 90 年代，持续升温并没有带来大幅度的气候单产提高，单产对气温变化的敏感性在减弱。

张荣荣等(2018)利用非线性回归模型研究了河南省冬小麦产量对气候变化的敏感性，分析发现，越冬期最高气温升高 1 ℃，导致河南省冬小麦产量在－1.8%～1.8%变动，返青期最低气温升高 1.0 ℃，导致河南省冬小麦产量在－0.5%～1.5%变动，全生育期平均气温升高 1.0℃，导致河南省冬小麦产量变化幅度为－6%～3%，冬小麦产量对生育期平均气温和生育期总日照时数的敏感效应最强，对生育期总降水量的敏感效应均最弱。从敏感区看，冬小麦产量敏感区主要分布在豫北、豫西和豫南地区。冬小麦生育期平均气温突变后有利于除豫北以外共 83.3%区域内产量的增加，返青期最低气温突变后有利于豫北和豫东共 44.4%区域内产量的增加。

气候变化对湖北麦区的影响有：湖北省冬季升温的幅度较大，对冬小麦的播种、出苗和培育壮苗有利，也有利于冬小麦的安全越冬，使分蘖增加，生长发育较充分，有利于产量的形成(朱明栋，2006)。气候变暖的另一特征是导致暖冬年份增加，造成的最显著影响是冬小麦越冬期停止生长天数线性减小，越冬死亡率明显下降，为冬小麦安全越冬创造了有利条件，但较强暖冬往往使冬小麦没有得到充分的抗寒锻炼，易遭受拔节后霜冻的危害而造成减产。

6.1.1.4　对冬小麦病虫害影响

冬季升温增加了冬小麦病虫害发生范围和数量(李超 等，2016)。冬小麦越冬期气温升高，使越冬的虫、卵、蛹死亡率降低，存活数量上升，增加了越冬的病虫害数量，次年病虫害发生加重。气候变化还导致冬小麦病虫害防治难度增大。随着农业复种指数逐年增大，为病虫害的发生和繁殖提供更多场所，冬小麦病虫害的发生呈现面积扩大、程度加重的趋势。机械化生产增加了田间残留病菌，虫害种类多，繁殖速度快。不合理的用药导致病虫抗药性增强，也提高了防治成本和难度(高京武，2018)。

6.1.2　玉米

6.1.2.1　对玉米种植结构的影响

何奇瑾(2012)分析得出，1961—2010 年我国玉米潜在可种植面积呈显著增大趋势。其中，夏玉米种植的气候最适宜区东扩，气候适宜区南扩。2000—2008 年，全国除南部的小部分地区外,其他省(市)的玉米种植均增加5%～20%(李祎君 等,2010)。胡洵瑀 等(2015)分析认为,1983—2012年黄河、淮河、海河地区夏玉米高适宜区向南有所移动,使得该农区高适宜区面积有所扩大,相应地中适宜区面积缩小。

华中区域处于夏玉米适宜种植区内,气候变化对区域内夏玉米种植界限无影响,但随着气候变暖和农业机械化的推进,区域北部原来的冬小麦、夏玉米套作模式基本已经被麦后直播夏玉米的模式替代,夏玉米品种由原来的早熟种改为中早熟或中熟品种。近年来气象灾害发生强度和频次呈现增加态势,尤其是2010年以来,花期高温热害已上升为该区域夏玉米生长季的突出气象灾害。

目前华中区域北部仍然为两熟制种植模式。按照冬小麦套种玉米的传统种植模式,气候变化及机械化作业,极大地降低了农耗时间,农田空闲期明显延长,气候资源浪费严重。王娜等(2015)应用APSIM模型模拟了充分灌溉和雨养条件下"两晚"技术对河南冬小麦—夏玉米轮作体系产量的影响。结果表明:气候变暖后(2000—2009年)与传统方式相比,采用"两晚"技术,雨养条件下使河南冬小麦平均减产2.5%,玉米平均增产13.4%,冬小麦—玉米体系平均增产4.8%;充分灌溉条件下,河南冬小麦平均减产0.9%,玉米平均增产8.5%,冬小麦—玉米体系平均增产2.8%。因此,区域推广玉米晚收技术,能提高气候资源利用效率和夏玉米单产。

综合上述学者研究结论,气候变化背景下华中区域玉米适宜种植范围变化不大,但冬小麦、玉米套作模式基本已经被麦后直播玉米模式替代,玉米品种由原来的早熟种改为中早熟或中熟种,推广"两晚"技术,冬小麦、夏玉米轮作产量平均提高3.8%,提高了气候资源的利用率。

6.1.2.2　对夏玉米生育期和产量的影响

成林等(2016)根据1961—2010年河南省气象资料、夏玉米单产资料及发育期观测资料的分析结果显示:与1961—1981年相比,20世纪90年代至2010年气候变化对河南省夏玉米单产的影响率为−9.3%～−2.1%,与1991—2000年相比,21世纪以来的气候条件对夏玉米产量形成有利,影响率为4.7%。高军波等(2019)基于河南省1960—2015年气候观测和太阳辐射量数据,对河南夏玉米生产潜力的研究结果显示:在全球气候变化背景下,受气温和降水双因素驱动,河南省玉米气候生产潜力在1960—2015年呈倒"U"型的动态变化,玉米生产高气候潜力空间持续向豫西迁移,弱势气候潜力区自2000年以来聚集于河南省北部地区。

胡洵瑀等(2015)分析认为,河南气候暖干化造成全生育期每10年延长2.1 d。1951—2011年河南中东部地区夏玉米气候适宜度出现小幅度上升,至2040年开始下降,之后下降趋势越来越明显。其中,夏玉米拔节—抽雄和抽雄—成熟两个时段对水热条件的变化更为敏感,这两个发育时段降水和气温适宜度的急剧下降是导致夏玉米气候适宜度下降的主要原因,这与熊伟等(2008)基于区域气候模式与CERES-Maize模型预测,至2100年全国玉米主产区的玉米单产普遍下降,总产也呈下降趋势一致(徐玲玲 等,2014)。这是因为热量资源原本就较充足的华中区域,气温升高会抑制夏玉米生长发育,高温条件不利于夏玉米开花授粉和籽粒灌浆、地表蒸发量增大也容易加重旱灾发生,夏玉米生长期内暖干化造成光温水的配合程度及气候资源适宜度降低,产量下降。

6.1.2.3　对夏玉米品质的影响

冯颖竹等(2007)、付景等(2009)推测未来气候变化情景下日照时数和辐射的降低可能会引起夏玉米籽粒淀粉和油含量下降。王鹏文等(1999)研究表明,干旱胁迫虽然降低了夏玉米籽粒产量，但灌浆期干旱胁迫使籽粒赖氨酸和饱和脂肪酸含量提高，不饱和脂肪酸含量下降。这一现象存在品种间差异，在高油品种上干旱胁迫造成粗蛋白、粗脂肪、粗淀粉和赖氨酸含量均下降(杨恩琼 等，2009)。糯玉米遭遇花期和灌浆期干旱会造成鲜食期籽粒淀粉含量升高，清蛋白、谷蛋白和醇溶蛋白含量显著降低，淀粉粒径和支链淀粉中长链比例降低，导致籽粒回生增加(施龙建 等，2018)。高温对糯玉米品质的影响与干旱类似，高温干旱复合胁迫会加重这一影响(黄天琪，2018)。灌浆期干旱和渍涝均会造成甜玉米可溶性总糖含量下降、皮渣率升高、品质变劣(赵福成 等，2018)。

6.1.3　水稻

6.1.3.1　对水稻种植结构的影响

杨晓光等(2010)分析认为，由于气候变暖，积温增加，湖北和湖南境内双季稻适种区平均向北移动了 60 km。刘敏等(2011)对比分析了 1991—2008 年与 1961—1980 年两个时段的热量条件，得出湖北“早熟＋中熟”双季稻北界移至鄂东北的麻城，北移了约 45 km；“中熟＋中熟”双季稻适宜种植区从鄂东南向北扩伸了约 27 km，江汉平原地区最北达到天门一带；1961—1980 年在湖北境内几乎不能种植“早熟＋迟熟”，1991—2008 年在鄂东南和鄂西南有零星积温条件较好的地区可以种植“早熟＋迟熟”搭配的双季稻。1991—2017 年双季稻北界比 1961—1990 年北移了 30～100 km，其中，“早熟＋中熟”“中熟＋中熟”北界分别北移了约 65 km、30 km(图 6.1)。

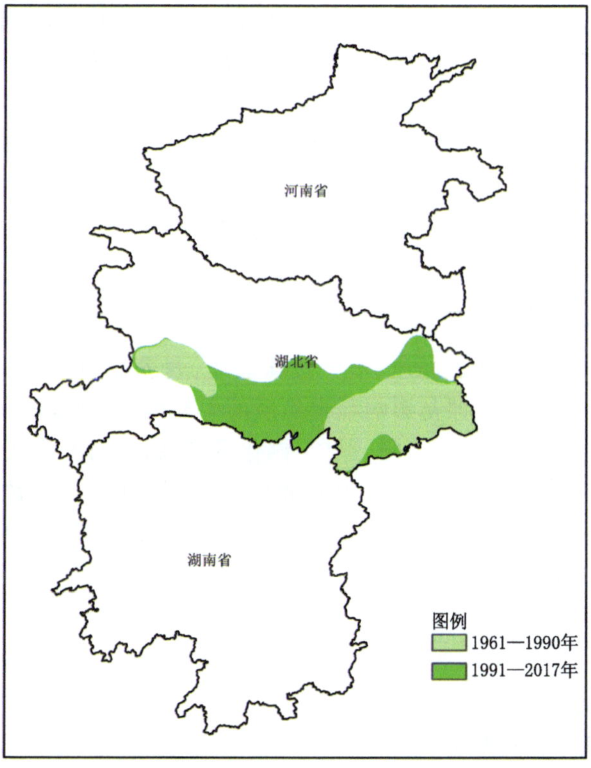

图 6.1　华中区域双季稻“早熟＋中熟”搭配种植模式北界变化

廖玉芳等(2010)认为,自1961年以来,湖南不同熟性搭配的双季稻种植气候适宜区有一定的变化。与1961—1990年相比,1981—2008年"中熟+迟熟"种植适宜区面积约增加10.2%,"迟熟+迟熟"种植适宜区面积及"早熟+早熟"种植适宜区面积分别减少2.4%、3.2%,不适宜种植双季稻区面积增加4.5%。湘东南地区"迟熟+迟熟""早熟+早熟"适宜种植面积减少,不适宜种植双季稻面积有所增加;湘中东部地区"迟熟+迟熟"适宜种植面积有增加趋势。

6.1.3.2　对水稻生育期的影响

受气候变暖的影响,河南省水稻主产区信阳播种和移栽日期呈现出显著提前的变化趋势,抽穗日期和成熟日期无显著变化,水稻播种—移栽持续长度呈现逐渐缩短的趋势,而移栽—抽穗和抽穗—成熟则为延长的趋势,其中,移栽—抽穗期延长的趋势显著(薛昌颖 等,2010)。湖北省江夏、监利早稻生育期长度呈延长趋势,其中,监利早稻生育期长度变化明显,且各个生育期变化趋势不同,江夏早稻播种、出苗、拔节和孕穗期呈缩短趋势,其他生育期呈延迟趋势;监利早稻播种、出苗、孕穗和抽穗期呈缩短趋势,其他生育期呈延长趋势(马德栗 等,2015)。相对于1961—1990年,2011—2050年区域中稻发育期平均缩短1.3~3.5 d,鄂东南咸宁、湘西怀化等局部比基准年延长0~2 d,其余大部0~8 d(万素琴,2012)。

6.1.3.3　对水稻产量的影响

郭尔静等(2017)对湖南省早、晚稻气象产量与不同生育期气象因子分析表明,湖南省早、晚稻潜在产量呈减小趋势,主要原因是生育期内气温升高引起生育期缩短,干物质积累减少。湖南省早稻产量变化与生育期内降水量和辐射的相关极显著,晚稻产量变化与生育期内气温相关显著。1980—2012年湖南省早稻和晚稻全生育期内平均气温的气候倾向率分别为0.47 ℃/10a和0.32 ℃/10a,早稻全生育期降水量和辐射呈增加趋势,晚稻全生育期内降水量和辐射有所下降,历史气候变化对早稻和晚稻产量的影响分别可能达到2.59%和-6.02%(刘胜利 等,2015)。万素琴等(2012)认为,相对1961—1990,不考虑CO_2肥效,2011—2050年区域雨养中稻单产平均减少17.1%,灌溉中稻平均单产减14.3%,减产幅度小于雨养中稻;考虑CO_2肥效,2011—2050年区域雨养中稻单产平均减少0.4%,灌溉中稻平均单产增加8.1%。未来继续升温对中稻产量可能产生副作用,必须采取灌溉等措施,才能一定程度弥补因升温造成的减产作用。

6.1.3.4　对水稻品质的影响

水稻品质包括外观品质、加工品质、蒸煮食味品质、营养品质等(程方民 等,1998)。已有研究表明,灌浆结实期气温和光照是影响稻米品质的主要因子,灌浆结实期气温升高将导致糙米率、精米率、整精米率等碾米品质下降,垩白、糊化度升高,透明度降低,对粒长和粒形影响不大;日照减少将导致整精米率下降。除气温和光照外,大气中的CO_2浓度的变化对水稻品质也有一定影响(程方民 等,1998)。未来华中区域CO_2、O_3浓度升高也将导致水稻垩白增加,碎米多,稻米蛋白质和多种营养元素下降,食用和饲用品质均有变劣趋势,但食味品质可能变优(景立权 等,2018)。

6.1.4　大豆

6.1.4.1　对大豆种植结构的影响

气候变化背景下,气温升高、降水量的波动都会对大豆种植适宜区域产生影响。华中区域夏大豆最适宜种植区主要集中在河南东部、湖北中部等降水、光照充沛的地区，其他地区均为适宜种植区。在 SRESA2 温室气体排放情景下的 21 世纪后期(2071—2100 年)区域夏大豆最适宜种植区逐渐南移，主要分布在湖北西部和湖南南部的部分地区。河南适宜度下降，北部部分地区变为中等适宜区，适宜种植区面积减少。未来区域北部大豆种植面积将进一步缩小，南部的种植面积将会扩大(何文莹，2011)。

6.1.4.2　对大豆物候期的影响

随着气候变暖，无霜期延长，作物生长可利用的天数逐渐增多，为大豆生长提供了充足的生长时间。近年来，河南省大豆的生长天数有延长的趋势，平均每 10 年增加 5.1 d，各生育期生长日数都呈增加趋势，以开花—成熟期天数增加最为明显。河南省从北到南大豆播种期、出苗期、开花期的平均日期都有逐渐提前的趋势，而成熟期呈延迟趋势。各生育期天数从北到南有延长的趋势，南部延长趋势比北部明显(李彤霄，2015)。

6.1.4.3　对大豆产量的影响

气温升高，作物生长发育速度加快，呼吸作用增强，导致作物产量下降，同时，由于气温和土壤温度的升高，植物蒸腾耗水量和土壤的蒸发量都会增加，作物易遭受干旱灾害，进一步减少产量(郝兴宇 等，2010)。未来降水量波动大，会造成土壤偏干或偏湿，均会导致大豆减产，特别是花荚期干旱对大豆产量影响较大。受气候变化影响，近年来河南省气象产量呈减少的趋势，其中，降水量对气象产量的影响较为明显(李香颜，2017)。

6.1.4.4　对大豆品质的影响

气象因子对大豆品质的影响集中在关键发育阶段，8—9 月平均气温、降雨与大豆蛋白质含量、蛋脂总含量呈正相关，而与脂肪含量呈负相关(张瑞朋，2006)。日平均气温＜28 ℃时，平均气温的升高有利于大豆异黄酮含量的增加，日平均气温＞28 ℃时，气温升高将导致异黄酮含量下降(Caldwell，2005)。在开花、结荚及鼓粒期，干旱使大豆蛋白质含量上升，脂肪含量及脂肪蛋白总量下降，以鼓粒期的变化最显著(Jin，2006)。在大豆各生育期，干旱均提高不饱和脂肪酸的含量，降低饱和脂肪酸含量，且以结荚期的变化最大。结荚期干旱，大豆不饱和脂肪酸比率将提高，其中，油酸比率的增幅最大，亚麻酸比率的降幅最大，结荚期干旱有利于提高大豆的油酸品质(张敬荣 等，1996)。有研究表明河南鼓粒成熟期和花荚期较长日照能促进大豆蛋白质累积(李卫东 等，2004)。无论是旱灾还是涝灾，大豆脂肪含量下降，蛋白质含量升高。但特大旱灾或涝灾下，两者都下降，且蛋白质含量损失更大(潘根兴 等，2011)。

6.2　气候变化对区域经济作物的影响

6.2.1　烤烟

据 2014 年统计数据，湖南、河南和湖北三省烟叶种植面积占全国的 15.5%左右，其中，湖南、河南、湖北分别占 7.2%、5.1%、3.3%(孙计平 等，2016)。河南气候温和，光照充足，雨量适中，气候资源条件适宜于烤烟种植，具备优质浓香型烟叶生产条件。未来气温升高、辐射增加、降水时空格局更加不均衡，气候资源时空分布与烟草生长需求不相匹配，高温、大风等主要气象灾害将增多，特别是在 RCP8.5 情景下，给河南浓香型烤烟化学品质和种植带来不容忽视的影响。

6.2.1.1　对烤烟种植区域的影响

气候变暖背景下，区域气候要素的改变导致烤烟种植格局发生变化。廖玉芳等(2010 年)认为，1981—2008 年与 1961—1990 年相比，气候变化对湖南省烟叶种植的影响主要表现为最适宜种植面积减少(减少量为 19.8%)；最适宜种植区向适宜种植区或次适宜种植区转变，而使得适宜种植区面积和次适宜种植区面积增加，增加量分别为 13.7%和 6.0%。湖南省湘江流域、沅水中上游地区、资水中上游地区最适宜种植面积减少，适宜种植面积增加；衡阳、邵阳及澧水上游地区次适宜种植面积有所增加。

张超等(2012)认为湖南省近 50 年，随着大田期日照时数总体上的减少，全省烟草种植的最适宜区、适宜区面积在逐渐缩小；随着大田期降水量总体上的增多，烟草种植的最适宜区和适宜区均有所扩大；成熟期降水量总体的增多致使全省基本为烟草种植的次适宜区；高温热害发生概率的增高，使得烟草种植的适宜区面积呈减少趋势；综合多个气候因子的影响看，近 50 年的气候变化，降低了湘西北和郴州烟区烟草种植的适宜度，提高了湘西南烟区和长沙烟区的烟草种植适宜度，对湘西中、邵阳烟区、永州南烟区烟草种植的适宜度影响不大。

姬兴杰等(2017a)基于构建的河南烤烟种植分布—气候关系模型(MaxEnt 模型)，分析认为，20 世纪 70 年代后河南烤烟潜在可种植区面积总体呈增加趋势，可种植面积的扩大与热量资源增加密不可分；气候最适宜种植面积波动式增加，单个气候因子对最适宜区的影响有限，达到较高气候适宜度需要气候条件的合理匹配。未来气候变化背景下，活动积温增加，日较差增大，降水量总体增加，相对湿度下降，在这些气候要素变化的综合影响下，河南烤烟可种植面积增加，相对于 1981—2010 年，增幅在 1.4%～2.3%；适宜区和不适宜区面积缩小，最适宜区面积呈小幅波动变化，次适宜区面积扩大较多，增幅在 1.9%～4.1%；2 种情景下，以 RCP4.5 情景对潜在种植面积的影响较大；2 个年代之间，21 世纪 50 年代的变化幅度较大；三门峡、洛阳、平顶山、许昌、南阳等地仍然是河南烤烟潜在种植适宜区和最适宜区(表 6.1)。

表 6.1　21 世纪河南烤烟潜在种植区面积占比变化(%)

年代	最适宜区	适宜区	次适宜区	不适宜区	可种植区
1981—2010 年	3.4	18.0	36.3	42.3	57.7
2041—2060 年(RCP4.5)	−0.2	−1.6	+4.1	−2.3	+2.3
2041—2060 年(RCP8.5)	+0.3	−2.0	+3.9	−2.2	+2.2
2061—2080 年(RCP4.5)	+0.1	−1.5	+3.2	−1.8	+1.8
2061—2080 年(RCP8.5)	−0.2	−0.3	+1.9	−1.4	+1.4

注：21 世纪 50 年代指 2041—2060 年，21 世纪 70 年代指 2061—2080 年。

综合以上学者的结论，气候变化导致区域北部烟叶适宜种植区增加，南部最适宜种植区减少，总体上可种植区增加、不适宜种植区减少。未来 RCP4.5、RCP8.5 两种情景相比，RCP4.5 情景对烟叶潜在种植面积的影响较大，不适宜种植区减少幅度、可种植区增加幅度略大(表 6.1)。

6.2.1.2　对烤烟产量和品质的影响

气候是影响烤烟产量和质量的重要因素之一。张慢慢等(2016)研究指出，三门峡烟区烤烟整个生育期的平均气温、日照时数、日最低气温与烤烟产量的相关性较为显著，其中，平均气温与烤烟产量的相关性最强，日照时数次之，且均为正相关关系。

气候资源条件是决定烟叶特色风格和品质优劣的关键生态因素之一(易建华 等，2010；彭

新辉 等,2009)。烟碱、总氮、还原糖、钾含量和钾氯比等指标为烤烟化学成分协调性的评价指标。姬兴杰等(2017b)研究认为,河南烤烟不同化学成分指标受气候要素的影响具有差异,气候因子中以温热因素的影响程度最大、水湿因素次之、光照因素最小。在一定范围内,伸根期高温日数增加对总糖含量和糖碱比增加有利,最高气温上升对于氮碱比增加有利;大田期高温日数增多对两糖比增大不利,降雨日数增加不利氯含量增加;旺长期高温日数增多对钾含量增加不利,日平均气温≥20 ℃的日数增多,烟碱含量上升,相对湿度增大,总氮含量下降、钾氯比增大;成熟期最低气温升高不利于还原糖含量上升。汪孝国等(2008)研究认为,三门峡烤烟还原糖含量与 6 月平均气温呈显著正相关,与 8 月日照时数呈显著负相关;总氮含量与 7 月日照时数呈显著负相关;钾含量与 8 月日照时数呈显著负相关;氯含量与 6 月降水呈显著负相关。杨军杰等(2015)研究认为,中国浓香型烤烟钾含量与多个气温指标呈极显著负相关,其中与旺长期日平均气温的相关系数最大,与各个时期降水量呈极显著正相关;氯含量与各个时期的降水量呈极显著负相关。在中国北方烟区影响烟叶化学成分的主导因子为相对湿度、气温日较差和 10 cm 地温。戴冕(2000)研究认为,中国主产烟区光照因素与烟叶还原糖积累呈显著负相关,雨湿因素与烟碱的积累呈极显著正相关。李亚男等(2011)研究认为平顶山烟区 8 月昼夜温差的减小、7 月降水量的增多有利于烟叶中总糖和还原糖含量的提高,而不利于烟碱和总氮含量的提高;8 月昼夜温差的增大、日照时数的减少,有利于钾氯比的提高。

黄中艳(2010)研究认为未来气候变化对烟叶品质风格特点影响小、有利效应略大于不利影响。姬兴杰等(2017b)研究认为未来气候变化下,河南烟区还原糖和钾的含量将显著下降,糖碱比将显著上升,化学成分协调性评分将显著下降,两种情景之间,均以 RCP8.5 情景下影响较大;烟碱和淀粉的含量以及钾氯比呈年代增加,而总氮含量和氮碱比呈年代下降。

综合上述多位学者的研究结论,气候变暖,总体上对烟叶产量增加有利,但不同烟区、各气候因子在不同发育期的变化,对烟叶品质要素影响不一致。未来气候变化对烟叶品质有利效应大于不利影响。RCP8.5 情景下气候变化影响较大,烟碱和淀粉的含量以及钾氯比呈年代增加,而总氮含量和氮碱比呈年代下降。

6.2.2　棉花

6.2.2.1　对棉花种植结构的影响

廖玉芳等(2010)研究发现,气候变化对湖南棉花生产有一定不利影响,主要表现为最适宜种植面积减少、适宜种植面积增加。1981—2008 年与 1961—1990 年相比,最适宜种植面积减少 14.7%,适宜种植面积增加 14.5%。洞庭湖平原、资水中上游地区以及湘南地区受影响最显著,部分地区已经由棉花最适宜种植区转变成为适宜种植区。王晓喆(2012)在研究中指出,河南省淮河以北地区,进入 21 世纪后棉花种植气候变化适宜度明显下降。适宜度低值区由西部地区移动到西南部地区,形成了以宝丰为中心的低值地区。2012 年统计数据显示,棉花种植面积明显下滑,下滑趋势在黄河流域、长江中下游棉区表现得尤为明显(张枫叶 等,2018)。

总体来说,气候变化导致华中区域棉花适宜性减弱,最适宜种植面积减少,进而对棉花种植结构产生不利影响,对区域种植面积明显下滑有一定的作用。

6.2.2.2　对棉花物候期的影响

气候变化引起区域棉花生长季平均气温和≥10 ℃积温均明显增加,日照时数呈极显著下降趋势,降水量无明显变化,但年际差异较大,导致棉花物候期发生变化(张焕囡,2013)。黄河流域棉花播种期、出苗期、现蕾期、开花期、吐絮期呈提前趋势,而停止生长收获期呈延后趋势。开花之前各生育时期缩短,开花之后各生育时期延长,整个生长期延长(王占彪 等,2016)。同时,气温升高引起土壤温度升高,土壤温度每升高 0.6 ℃使棉花的花铃期提前 3 d(张丽霞 等,2016)。

综合分析,气候变化使区域北部棉区播种期、出苗期、现蕾期、开花期、吐絮期呈提前趋势,而停止生长收获期呈延后趋势。开花之前各生育时期缩短,开花之后各生育时期延长,整个生长期延长 2 d 左右。

6.2.2.3　对棉花产量的影响

生育期气候变化对棉花产量有很大影响。蕾期至花铃期平均气温与吐絮期最高气温和棉花产量均呈极显著正相关。棉花蕾期至花铃期、吐絮期两个时期降水量与棉花产量均呈显著负相关(成道,2015)。棉花生长季平均气温增加 1.0～3.5 ℃有利于产量的增加,生长季、花期和铃期气温升高 1 ℃,产量分别增加约 201 kg/hm²、226 kg/hm²、110 kg/hm²,而蕾期气温升高 1 ℃却减产约 163 kg/hm²。生长季和蕾期升温 1 ℃分别降低生物量约 1079 kg/hm²、1180 kg/hm²,降低产量和干物质的水分利用效率 3.4 kg/(hm²·mm)、2.8 kg/(hm²·mm),灌溉倍数每增加 1 倍,产量和生物量分别增加 734.51 kg/hm² 和 2242.3 kg/hm²(黄健 等,2014)。棉花气象产量受生长季内降水量影响较大,降水较多年份不利于棉花产量的形成(岳伟 等,2014)。气候变暖可能有利于黄河中下游地区棉花产量的提高。升温使棉花平均蕾和棉铃数分别增加 7.4%和 7.2%;使成熟期的植株生物量和棉铃的干物质分配指数分别提高 32.2%和 11.0%;升温最终导致棉花的产量提高 23.6%(张丽霞 等,2016)。

综合分析,气候变暖可能有利于黄河中下游地区棉花产量的提高。升温使棉花平均蕾和棉铃数均增加,最终导致棉花产量的提高。

6.2.2.4　对棉花品质的影响

棉花品质形成对光照、辐射、积温等环境变化较其他作物更为敏感。但光照时数和辐射量的下降,尤其是短期极端高温/低温、短期极端干旱/暴雨等极端天气趋于频繁,将增加棉花减产和品质下降的风险(潘根兴 等,2011)。研究发现,气温的升高有利于棉花的生长发育,使棉花纤维品质显著提高(张丽霞,2016)。

综合分析,气候变暖下,升温使棉花纤维的品质提高,但夏季极端事件的增多可能增加区域棉花品质下降的风险。

6.2.3　柑橘

6.2.3.1　对柑橘种植结构的影响

气候变暖导致气温或热量条件、气候极端值、降水量或土壤水分含量等发生变化,从而导致果树区域布局变化。温州蜜柑栽培适宜年平均气温为 15.7 ℃。年平均气温上升 1 ℃,就会对柑橘的分布产生显著的影响。气候变暖使果树生长季的有效积温增加,果树种植区北移或向高海拔扩移。气温对果树的水平和垂直分布具有重大的影响,柑橘等常绿果树在华中区域栽培面积逐渐扩大。

气候变化对温州蜜橘种植区域的变化影响最显著,主要表现为最适宜种植面积显著增加,适宜种植区和次适宜种植面积减少。廖玉芳等(2010 年)研究得出:1961—1990 年、1981—2008 年两个时段相比,湖南省温州蜜橘最适宜种植区迅速扩大,次适宜种植区减少,最适宜种植区面积已占绝对优势。湖南省最适宜种植面积增加 55%,适宜种植区和次适宜种植面积分别增加 48.7%和 6.6%,影响范围几乎覆盖全省。气候变化对甜橙、柚类种植的影响显著性仅次于温州蜜橘,主要表现为最适宜种植面积显著增加、适宜种植区面积因向最适宜区转变而减少 39.1%,影响范围几乎覆盖全省。

杜尧东等(2010 年)研究了 SRESA2 情景下 2009—2030 年气候变化对柑橘气候适宜性的影响。在亚热带南部地区,由于气温的升高导致柑橘花期热害的增加,柑橘温度适宜度有所下降,而在亚热带北部地区,冬季气温的升高,柑橘冻害有所减轻,柑橘温度适宜度有所上升。湖北省东南部、湖南省东部未来气温变化也会对柑橘生长产生负效应,气温适宜度有小幅降低;湖北省北部、湖南省西部,未来气温变化对柑橘生长将产生正效应,气温适宜度会小幅度升高,对柑橘生产趋于有利。未来降水变化对湖南省、湖北省西南部柑橘生长产生弱的负效应,降水适宜度会小幅降低,未来降水变化对湖南省南部、湖北省北部柑橘生产产生弱的正效应,对柑橘生产趋于有利。假定未来日照因子不变,未来气候情景下柑橘气候适宜度变化主要取决于气温适宜度和降水适宜度的变化,气温因子对气候适宜度变化的影响比降水因子要大,即未来气候适宜度的变化主要取决于气温适宜度的变化。湖北省东南部、湖南省东部气候适宜度呈弱的下降趋势,气候变化对该区柑橘生长产生了弱的负效应。湖北省北部、湖南省西部,其气温适宜度和降水适宜度都为弱的上升,其气候适宜度也呈弱的上升趋势。未来气候变化对该区柑橘生长产生了弱正效应,使得该区未来柑橘种植趋于适宜。

气候变化必然会导致柑橘气候风险性的改变。段海来等(2011 年)研究得出,近 46 年(1975—2010 年)中国亚热带地区柑橘气候风险度有逐渐增加的趋势,尤其以 20 世纪 80 年代初以来增加最快,这主要是由于气候适宜度降低引起的。自 20 世纪 80 年代以来降水风险度、日照风险度均呈不同程度的上升趋势,气温风险度则有平稳的下降趋势。其中湖北气候风险度是降低的,湖南大部气候风险度是升高的。SRESA2 情景下 2009—2030 年气候变化情景下,位于亚热带中部地区的湖南大部、湖北南部,由于气温的升高及其变率变化的增大导致风险度增加,而位于亚热带北部地区的柑橘产区(湖北除鄂西南外大部、湘西部分地区)由于未来气温的升高,尤其是冬季气温的升高,对该区柑橘种植产生了正效应,柑橘“冻害”有所减轻,柑橘气温风险度有所降低。

未来气候情景下,柑橘降水风险度变化为:湖北大部(鄂西南外)降水风险下降,由于降水的增加使得降水适宜度增大,进而使降水风险度降低;湖南北部降水风险弱上升,湖南中南部降水风险强上升,主要是降水变率的变大使降水适宜度标准差增大,进而使降水风险度增高(段海来 等,2011)。

20 世纪 80 年代以前,湖北省柑橘主要分布在鄂西南地区、鄂西北丹江口水库、中大型水库周边,1990 年全省种植面积约为 8.6 万 hm^2,随着气候变暖,冬季气温升高,90 年代以来柑橘种植面积迅速扩大,到 2015 年种植面积接近 24 万 hm^2(《湖北省农村统计年鉴》编辑委员会,2016)。

综合分析,气候变暖已经使湖南、湖北两省温州蜜柑最适宜种植区、适宜种植区、次适宜种植区均为增加,甜橙、柚类最适宜种植区显著增加,适宜区向最适宜区转化。未来气候变化背景下,湖北省东南部、湖南省东部气候适宜度呈弱的下降趋势,气候变化对该区柑橘生长产生了弱的负效应。湖北省北部、湖南省西部气候适宜度也呈弱的上升趋势,未来气候变化对该区柑橘生长产生了弱的正效应,使得该区未来柑橘种植趋于适宜。

6.2.3.2　对柑橘物候期的影响

张印平等(2017)研究表明,由于气候变暖,柑橘主要生长期(3—10 月)≥10 ℃活动积温增加,柑橘芽开放期和开花期逐年提早明显,果实膨大期变化不明显,可采成熟期逐年在推迟。柑橘芽开放、开花到可采成熟期间隔的日数从 1997 年以后明显增长,生长季的长度呈延长的趋势。春季气温的升高是影响春芽萌发、春梢生长的主要因子,日照时数的变化对春季物候的影响不显著。

气温的变化是柑橘物候期发生变化的主要原因。气温升高引发柑橘春季物候提前,秋季物候推迟这一现象。2 月平均最高气温升高 1.0 ℃,柑橘芽开放期提前约 3.4 d,3 月平均最高气温升高 1.0 ℃,开花期提前约 4.9 d,若当年极端最高气温升高 1.0 ℃,可采成熟期推迟 6.8 d。

在气候变化背景下,冬、春季气温升高,湖北、湖南柑橘发育期也存在同样的变化规律。以湖北三峡库区秭归县脐橙为例,春季芽开放期平均每 10 年提前 2.2 d,开花期平均每 10 年提前 3.7 d,而采收期则平均每 10 年推迟 4.0 d;芽开放到采收的天数、开花到采收的天数,平均每 10 年分别延长 6 d、8 d。

6.2.3.3　对柑橘病虫害的影响

华中区域柑橘种植主要分布在湖北省大部和湖南省大部,而柑橘黄龙病只有湖南有发生。柑橘木虱是黄龙病病原的唯一传播媒介。何寿仁等(2015)研究表明,柑橘木虱春季发生与冬季 1—2 月日最低气温≤0 ℃日数和≤−2 ℃日数、初霜—终霜间隔日数以及 1—2 月有霜日数相关密切。近 57 年来湖南平均最低气温呈极显著上升趋势,上升速率为 0.44 ℃/10a,1—2 月日最低气温≤0 ℃日数和≤−2 ℃日数、年初霜—终霜间隔日数以及 1—2 月有霜日数均呈减少趋势,暖冬、无冻害或轻冻害年份增多、有霜期及有霜日数减少,均有利柑橘木虱越冬成虫成活基数增加。随着冬季气温上升,柑橘木虱越冬区域有明显“北扩”的趋势,湖南省柑橘黄龙病发生风险增大。

6.2.4　茶叶

6.2.4.1　对茶叶种植结构的影响

受气温升高及政府政策支持推动的作用,河南省茶叶产品结构不断优化,茶树良种覆盖率不断提高,信阳毛尖、桐柏玉叶、金刚碧绿等名优绿茶产量占全省的 70%以上。夏、秋季茶综合开发进展明显,红茶、黑茶、乌龙茶及茶饮料、茶食品等生产规模不断扩大,其中,“信阳红”“桐柏红”产量超过 100 万 kg。种植面积增加,种植区域扩大,“南茶北移”趋势明显。

在全球变暖的气候背景下,长江中下游地区的干旱发生频率呈上升趋势。湖北省茶叶主产区夏、秋季晴日多、气温高、空气湿度低、蒸发量大,常有伏旱和秋旱发生,给茶树生长种植构成较大威胁,严重时甚至使茶树受害致死(张玮玮,2011)。

6.2.4.2　对茶叶产量的影响

随着全球变暖,河南省茶区气温变化较为明显,无霜期延长,稳定通过 10 ℃的有效积温增加,其中,春、冬季气温上升明显,茶叶的生长季节得以提前,使春茶的开采期逐步提前,春茶的产量逐步提高。秋季气温上升略缓慢,夏季气温呈现缓慢的下降趋势,使得整个茶叶的生长期延长，夏茶和秋茶的产量提升，而冬季气温上升，使茶树遭受冻害的概率降低。

湖北省咸宁市冬、春季平均气温升高造成春季茶叶萌动早、生长快，气温适宜，昼夜温差大，利于提高茶叶产量和品质。而夏季平均气温上升则在一定程度上不利于茶树生长，超过 25 ℃时茶叶生长较快，易老化，纤维素含量上升，茶叶产量高、品质差。夏、冬季降水增加对茶树生长有利，春、秋季降水减少在一定程度上不利茶树生长。

6.2.4.3　对茶叶品质的影响

茶叶品质形成与气象条件密切相关，茶叶品质生化指标主要包括茶多酚、氨基酸和咖啡碱等。在茶多酚保持一定含量水平条件下，氨基酸含量越高品质越好。大量研究数据表明，气温与茶叶氨基酸含量呈极显著的负相关，气温对茶叶氨基酸含量的影响表现在芽萌前期至采摘前的整个生育过程中。茶叶中茶多酚含量、咖啡碱含量与气温呈正相关关系，但气候条件对咖啡碱的影响不如对氨基酸和茶多酚含量的影响显著。茶多酚、氨基酸、咖啡碱等内含物丰富，制出的茶叶一般品质较好。据王利溥(1998)研究，在阴湿条件下茶叶粗纤维的含量低于强光高温条件下的含量，低温湿润的环境下茶叶的品质更好。

随着气候的变化，茶树生长期内，尤其是春季的气温升高，入春时间的提前，气温日较差下降，相对湿度的降低，对茶叶品质的提升有一定不利的影响。

6.2.4.4　对茶树病虫害的影响

随着气候变暖，茶树生长季延长，茶园害虫发生相应提前，而越冬休眠期推迟、历时缩短，一年中害虫繁衍代数增多，危害时间延长，茶园受害的概率增大。冬季气温升高有利于害虫和病原物安全越冬，使病源和虫源基数增大。因此，气候变暖会加剧茶园病虫害的发生，农药的施用次数和用量增加，加大了茶业生产的成本，农药残留也是茶叶安全产生的隐患。

6.2.4.5　对茶叶气象灾害的影响

(1)旱热害的变化

气候变化背景下，7—8 月区域高温频繁、干燥度增加，造成茶树干旱明显增加。湖北中部地区为茶树重度旱热害区，其东、西两侧的附近区域为轻度旱热害区，东部的大部分地区和西北部的局部为中度旱热害区(陈思宁 等，2010)。湖南中东部夏季平均每年发生热害日数＞2 d，20 世纪 60 年代湖南东南部夏季热害发生频率较高，为高风险区，而 20 世纪 70—90 年代发生频率有所降低。21 世纪前 10 年湖北东南部茶叶夏季热害发生频率升高，西部茶叶夏季热害发生频率呈逐年代减小趋势(李柏贞 等，2015)。

(2)春霜冻变化

春霜冻主要影响春茶的产量和品质。在全球气候变暖背景下，湖北省 1961—2017 年茶叶轻度、中度、重度春霜冻日数均呈现减少的趋势。其中，轻度、中度和重度春霜冻平均每 10 年分别减少 0.4 d、0.27 d、0.17 d。全省平均春霜冻日数 20 世纪 60 年代最多。轻度、中度春霜冻日数在 21 世纪前 10 年最少，分别较 20 世纪 60 年代减少 2.1 d、1.4 d；重度春霜冻日数在 21 世纪 10 年代最少，较 20 世纪 60 年代减少 1 d。

湖北北部春霜冻年均日数 7～14 d，湖南春霜冻发生风险相对较低，年均日数在 7 d 以下。随着气候变暖，春霜冻发生日数呈逐年代减少趋势，高风险区的面积逐年代减小，尤其是 20 世纪 90 年代之后减少得更明显。春霜冻年平均发生日数 21 d 的等值线随年代逐渐北移。与 60 年代相比，21 世纪前 10 年湖北大部的春霜冻危险性由中度转为轻度(李柏贞，2015)。

湖北省不同程度霜冻终霜日均有明显提前趋势。轻度春霜冻终霜日在 20 世纪 60 年代为 3 月 26 日,而 21 世纪 10 年代为 3 月 18 日,比 20 世纪 60 年代提前了 8 d;中度春霜冻终霜日在 20 世纪 60 年代和 70 年代均为 3 月 19 日,21 世纪 10 年代为 3 月 10 日,提前了 9 d。重度春霜冻终霜日在 20 世纪 60 年代、21 世纪前 10 年,为 3 月 12 日,10 年代为 3 月 6 日,提前6 d。

(3)冬季冻害气候变化

湖北、湖南冬季冻害发生频率呈北多南少的纬向地带性分布。湖北北部为中风险区,湖北南部、湖南冬季冻害发生频率较低,为低风险区。不同年代湖北、湖南茶叶冬季冻害发生频率的空间分布特征与多年平均一样,也呈北多南少的纬向地带性分布,且表现为逐年代减小趋势。1960—2000 年湖北北部逐渐由中风险转为低风险,湖南冬季冻害发生频率变化不大,始终为低风险区(李柏贞,2015)。

综合分析,气候变化背景下,湖北中东部、湖南中部和东南部旱热害风险增加,西部山区旱热害风险降低,主要影响区域低海拔地区、鄂东地区、湖南中东部和南部低海拔地区春茶、夏茶的产量和品质;区域大部地区呈现冬季冻害风险降低、春霜冻日数减少、霜冻终日提前的趋势,对茶树安全越冬、春茶萌芽和产量增加有利。

6.2.5 油菜

6.2.5.1 对油菜种植结构的影响

廖玉芳等(2010)研究认为,气候变化对湖南油菜种植的影响主要表现为最适宜种植区面积显著扩大、次适宜种植面积显著减少。1981—2008 年与 1961—1990 年相比较,最适宜种植区面积增加量为 20.8%,次适宜种植面积减少 16.2%,影响范围几乎覆盖全省。洞庭湖平原最适宜种植区显著扩大,湘江流域最适宜种植区范围也迅速增大,成为油菜最适宜种植区。沅水上游地区适宜种植面积增大,次适宜面积减少;中游地区最适宜种植面积增大,大部分地区由适宜种植区转变成最适宜种植区。澧水上游地区适宜种植面积增大,次适宜种植面积减少;中游地区最适宜种植区面积增大。资水流域适宜种植面积增大,次适宜种植面积减少。湖北全省各地都有种植,气候变暖背景下湖北省油菜潜在种植范围扩大,原来积温和热量条件不适宜种植油菜的山区,未来也将成为油菜适宜种植区。

6.2.5.2 对油菜发育期和产量的影响

随着气候变化,油菜播期有推迟的趋势。油菜播种期要求日平均气温 16~22 ℃。湖北省油菜主产区自 1981 年以来秋季日平均气温低于 22 ℃的初日呈明显推迟的趋势。与 20 世纪 80 年代、90 年代相比,进入 21 世纪后秋季平均 22 ℃初日,推迟了 5~10 d,因此适当推迟油菜播种期,能在一定程度上缓解秋收作物收获与油菜播种之间的争地矛盾。

初夏高温却会引起油菜产量和品质的降低(张树杰 等,2011)。油菜花期和角果期环境气温超过 29 ℃会显著降低油菜产量。气温继续升高还会给油菜生产带来其他不利影响。冬季升温一方面使油菜出现早薹、早花现象,从而导致油菜对低温的抗逆能力减弱,薹花期易遭受冻害而降低产量。如 2015 年 1 月湖北省油菜长势总体偏旺盛、发育期普遍提前,部分早熟品种或早播田块有早薹、早花现象,油菜抗寒能力明显减弱,1 月底发生较强低温雨雪冰冻天气,早薹、早花油菜遭受冻害、出现裂薹现象,对产量造成损失。另一方面,暖冬提高了菌核病越冬存活率,易造成春季菌核病的发生和蔓延,进而造成减产。

降水量时空分布不均，干旱和洪涝等极端气候事件频次和强度加大，油菜产量的不稳定性也随之增加。秋季降水变率较大，直接影响到油菜播种，秋旱年份油菜播种进度延迟、秋涝年份导致秋播受阻、已播油菜遭受渍涝灾害。如 2017 年秋播期间，9 月 18 日至 10 月 20 日湖北省大部地区出现历史同期少见的持续性连阴雨天气，中西部地区雨日达 24～30 d，东南部地区 15～23 d，且降水量偏多。至 10 月中旬油菜播种面积仅占全省计划面积的 40%，同比 2016 年进度偏慢 30%，主产区播种延迟 7～15 d，同时受湿渍害影响，出现出苗率不足，苗弱等现象，部分油菜田块被迫改种。油菜生育期整体偏迟、长势偏差，当年油菜产量减产。

黄晚华等(2009)分析了气候变化对油菜生育期的影响：湖南油菜冬前生长期延长，积温增多，有利于油菜冬前壮苗。油菜越冬期日最低气温≤－3 ℃的日数也明显减少，油菜冻害风险降低，有利于安全越冬。湖南省气温升高，降水增多，日照减少的气候变化特点总体上对油菜生长有利。

6.2.5.3　对油菜品质的影响

陈红琳等(2014)研究发现，渍水胁迫对油酸、亚油酸、亚麻酸含量影响不显著，对含油量影响最大。渍水胁迫下，各品质性状指标受害率大小依次为含油量＞蛋白质＞亚麻酸＞油酸＞亚油酸。即短期渍水胁迫对油菜品质影响不显著，随着渍水时间的延长，含油量和蛋白质均逐渐下降，油菜品质受影响显著。气候变化背景下，区域春季油菜开花到结荚期降水年际变幅大，春旱及渍涝交替发生，对油菜产量和品质均有不利影响。如湖北、湖南 2016—2018 年连续 3 年春季多连阴雨，导致油菜渍涝灾害，影响油菜品质和产量。

郑有飞等(2008)研究了酸雨对油菜营养品质的影响及其机制。发现弱酸雨能促进油菜籽总游离氨基酸和可溶性蛋白质的合成，而在强酸性条件下有较强的抑制作用。随着酸雨酸度的增强，油菜籽硫苷总量持续升高、油酸含量降低，但能较大地促进亚油酸、亚麻酸和芥酸的合成，从而使品质下降。梁骏等(2008)通过研究酸雨对油菜生长、产量及品质的胁迫效应发现，酸雨胁迫会导致油菜粗脂肪含量降低，可溶性糖含量降低，而且随着酸度增强，粗脂肪与可溶性糖降低幅度越大，对油菜品质形成产生不利的影响。

气候变暖导致油菜病虫越冬基数增加，同时造成土壤肥力下降，直接导致农田农药及化肥施用量上升。如湖北武穴市 2005—2011 年油菜的化肥施用量和农药使用量不断增加，而且增幅较大，分别为 40%和 25%(周蓉 等，2014)。

6.2.6　油茶

油茶种植与气候、地形、品种及管理水平密切相关，其中，最不稳定的是气候因素，决定着油茶分布，影响着油茶产量。区域三省均有油茶种植，其中，湖南油茶面积、产量、产值均居全国第一。

分析表明，影响区域油茶高产稳产的主要气候因子有低温阴雨、高温干旱、冷冻害。廖玉芳等(2010 年)分析气候变化背景下，油茶气候适宜性增大，适宜种植面积扩大。1961—1990 年与 1981—2008 年相比，原适宜种植区、次适宜种植区有向最适宜种植区转变的趋势，最适宜种植区面积有所扩大(增加 2.0%)。相对于 1961—1990 年，影响相对明显的地区是沅水中上游地区及澧水上游地区。沅水中上游地区最适宜种植面积显著增大，基本已由最适宜种植区替代原来的适宜种植区。澧水上游地区次适宜种植面积减少，转变成为以适宜种植区为主体的分布格局。

廖玉芳等(2010)发现,气温显著升高降低了油茶冻害风险,但高温热害影响增大,降水更不均匀增大油茶旱涝风险。未来 35 年(2016—2050 年)油茶开花期、油脂转化和积累高峰期、果实成熟期气温均呈极显著上升趋势,果实膨大高峰期、花芽成熟期呈显著上升趋势,油脂转化和积累高峰期日最高气温≥35 ℃日数呈显著增多趋势,果实膨大高峰期高温日数呈极显著增多趋势。开花期日最低气温≤0 ℃日数略有减少,果实第一次膨大期、果实成熟期、果实膨大高峰期气温日较差均呈略上升趋势,开花期有日照天数呈显著增加趋势,春梢萌动期无日照天数略有增加,春梢萌动期降水量略有增多;开花期、果实第一次膨大期降水日数均略有减少。气候变化对油茶各物候期的影响为:对开花期有利,对油脂转化和积累高峰期、花芽成熟期不利,对果实成熟期、果实第一次膨大期、春梢萌动期的影响弊大于利。且气温升高、高温日数增多是湖南油茶产量未来最大的障碍因子。

6.2.7 蔬菜

6.2.7.1 对蔬菜生长发育、产量和品质的影响

邹学校等(2011)认为,由于生产季热量、雨量的分布发生变化,蔬菜适宜的种植区将扩大,适栽的蔬菜品种增加,原用于蔬菜储运的成本将大幅度下降。气候变暖使冬油菜及十字花科蔬菜的播种期推迟了 7～13 d,停止生长期也相应推迟,返青后的生育期提前了 8～12 d,全生育期缩短 17～32 d,是农作物中全生育期缩短比较明显的。

吉莉等(2014)建立了蔬菜气候生产潜力模型,认为降水量是影响蔬菜气候生产潜力年际变化的主要气候因子。蒲金涌等(2006)研究认为,冬油菜及十字花科蔬菜的产量与冬季平均气温密切相关,气温每升高 1.0 ℃,生物学产量将增加 172 kg/hm^2。

暖冬利于区域各省温室、大棚、地膜等保护地蔬菜的生长发育,蔬菜生长期延长,产量增加,供应充足且品种齐全。暖冬也给部分蔬菜生长带来负面影响,越冬蔬菜需要充分经历春化阶段,夏天收获时才能更丰硕,如洋葱或大蒜,如果春化阶段气温较高,就容易提早抽薹而不利于越冬,翌年结的果实不大,影响产量;部分越冬蔬菜提前成熟,令蔬菜品质下降(付雅丽 等,2009)。

气候变暖背景下,区域受暴雪、寒潮、低温、干旱及洪涝、剧烈降温等极端气候事件或灾害增多,对蔬菜生产造成严重不利影响。如 2008 年 1 月的持续低温雨雪冰冻灾害造成大量蔬菜大棚被压垮,使棚内蔬菜遭受低温冻害,尤其是简易大棚、小拱棚蔬菜受害最重。同时,降雪、低温天气持续时间长,日照时数少,造成棚内气温低、光照不足,影响蔬果的正常生长,造成品质下降。

6.2.7.2 对蔬菜病虫害的影响

气候变化对蔬菜病虫害的发生和流行均有比较明显的影响。蔬菜病虫害直接影响到蔬菜的产量和品质。一般情况下,气温低,病原菌和害虫的潜育期长;气温升高,则潜育期缩短。气候变暖,特别是冬季气温升高,有利于病原菌和害虫安全越冬,使来年春、夏季的病源和虫源基数增大,导致危害面积扩大,受害程度加重,对病虫害的控制也将更加困难,目前蔬菜的病虫害发生及危害呈逐年加重的趋势(肖志强 等,2007)。春季和秋季气温升高,延长病菌和害虫的可生育期,冬季休眠推迟,危害期延长;积温增加,可使一年中病虫繁育的世代增多,致使蔬菜受害概率增大;高温干旱时段增多,可促进喜干性病虫害的发生和蔓延;CO_2 浓度升高,植株

中含碳量增高，含氮量下降，致使害虫的采食量增大，以满足其对蛋白质的生理需求，从而导致对蔬菜的危害加重(付雅丽 等,2009)。

6.3 气候变化对区域淡水养殖的影响

6.3.1 冬季气温升高对淡水养殖的影响

淡水养殖与气象条件密切相关，气温、降水、天气状况均对淡水养殖产生影响，水生动物多为变温动物，更容易受气温变化的影响(王亚民 等,2009)，气候条件尤其热量条件对淡水养殖的产量和品质有着重要的影响，各种气象灾害都会不同程度地给淡水养殖业带来损失。气候变化影响鱼类的生长发育和繁殖，可能导致传统渔场消失和鱼类洄游迁徙路线、时间的变化，影响渔业产量等，相应地导致产量变化、产区变化、捕捞不确定性增加、产出季节波动性增大。气温的升高还可能加快水中病原微生物的繁殖速度，对于鱼类病害传播有利，从而对鱼类生产造成负面影响。

华中区域冬季平均气温总体呈升高趋势，大部地区升温较显著，水温随气温升高而升高，而对耐寒性较差的热带、亚热带鱼类的安全越冬有着非常重要的影响(杜尧东 等,2004)。冬季气温的整体升高，寒潮或低温冰冻天气的减少，对于热带鱼类、亚热带鱼类、温水性鱼类，如罗非鱼、青草鲢鳙等四大家鱼安全越冬非常有利。但对于冷水性鱼类，尤其是对气温比较敏感的冷水性鱼，如鲑鳟鱼类，气温的升高如若超过一定的阈值，可能对其栖息地、生长、免疫、繁殖孵化、空间分布及洄游降河等多方面产生一系列负面影响(梁雄伟 等,2011)。

6.3.2 气象灾害或极端气候事件对淡水养殖的影响

极端天气和灾害性天气的增加对渔业生产的方方面面产生直接影响，包括对渔业设施、渔具的损坏，增加作业危险性、丧失传统作业区等。

(1)干旱事件对淡水养殖的影响

1981—2017 年，江汉平原荆州站地下水水位与年降水量变化趋势基本一致。降水量出现丰枯变化时，地下水水位响应降水变化也随之产生高低变化，地下水水位一般在汛期较高，冬、春季较低。

气候变化背景下，湖北省洪湖地区近 50 年来春季降水量呈减少趋势，尤其是春季少雨年份增加比较明显，导致洪湖地区春季干旱频发。当春季降水量低于历年同期的 20%便会导致水资源不足，低于 45%可能产生大旱。近 20 年洪湖地区水产养殖面积快速增加，洪湖、监利两市精养鱼池面积增加了 520 hm^2(约增加 7 倍)，相当于 1.6 个洪湖湖面面积。在春季降水量明显偏少或出现旱情的年份，洪湖地区精养鱼池面积增加，加重了水资源短缺的影响，造成旱年影响更重。另一方面养殖鱼类过多会造成水资源紧缺，水质变差，导致鱼塘缺氧或者泛塘，旱情严重则会造成鱼类直接缺水死亡，如 2011 年的冬春连旱给湖北和洞庭湖水产养殖业造成巨大创伤(刘可群 等,2014)。干旱发生时，可能使内陆湖泊的水深变浅，严重影响溯河洄游性鱼类，降低了其洄游率(梁雄伟 等,2011)。

(2)暴雨洪涝对淡水养殖的影响

近 50 年，区域暴雨洪涝平均每年 9.9 站次，汛期(5—9 月)暴雨洪涝平均每年 8.0 站次，主汛期(6—8 月)平均每年 5.6 站次,其中,20 世纪 60 年代、90 年代和 21 世纪前 10 年平均值均高于常年值。

每年 5—9 月是区域多雨季,也是水产养殖的黄金季节,同时也是水生动物疾病的高发季。暴雨洪涝的影响包括:洪水冲毁堤坝,鱼虾逃逸,造成直接经济损失;持续阴天暴雨、光照不足,浮游植物死亡,光合产氧停止,而水体中下层水生动物密集,耗氧增多,极易造成养殖鱼类浮头泛塘;养殖水生生物为应对环境的应激,消耗大量的能量,体能下降,免疫力降低,潜伏在体内的有害病原菌大量繁殖,容易发生疾病,间接导致水产养殖经济损失;洪水的冲刷,也会使得鱼体受伤,诱发鱼病,大暴雨来临,养殖鱼类受惊吓相互撞击,或受网箱撞击受伤感染疾病;暴雨洪灾对水质有严重影响,会导致养殖水体 pH 下降,溶氧降低,水温骤降,亚硝酸盐、氨氮、硫化氢等有害化学成分含量升高,从而导致浮头泛塘的发生;养殖水生生物在暴雨洪灾的应激条件下,会少摄食或基本不摄食,食欲下降,生长缓慢或停止(刘崇新 等,2011)。如 2010 年洪涝造成洪湖湖泊、坑塘淹没面积较大,鱼虾大量逃逸,受灾严重。

(3)春季倒春寒对淡水养殖的影响

春季是水产养殖关键期,如冷空气过程导致水温大幅度下降,对水产养殖业和水体生态环境造成重大影响。大多数淡水鱼类的产卵繁殖主要集中在春季,繁殖期间对水温条件要求严格,若在亲鱼催产后遭遇倒春寒或明显降温,不仅会影响幼体成活率,还会直接影响幼体新陈代谢速度,甚至会使整个繁殖过程归于失败(李秀存,1998;郭秀云 等,2007;唐丽君 等,2014)。此外,冷空气带来的水温骤降,还可能导致水产养殖病害暴发(广东省水生动物疫病预防控制中心,2011)。近 60 多年来,湖北省 3 月倒春寒发生频次总体呈下降趋势,4 月倒春寒频次以 20 世纪 60—70 年代最多,80—90 年代明显下降,进入 21 世纪后又明显增加,一方面对春季温水性鱼类繁殖孵化不利,另一方面,降温可能导致虾类产生水温应激,从而对其开春虾苗投放和存活产生不利影响。

(4)夏季高温对淡水养殖的影响

1961—2017 年,湖北省日最高气温≥35 ℃的高温日数呈上升趋势,上升速率为 0.5 d/10a。2000 年以来,除 2008 年、2014 年、2015 年外,其余年份平均高温日数均较常年偏多。2003 年、2013 年、2017 年、2019 年高温热害严重。2017 年 7 月中下旬至 8 月上旬湖北省出现连续高温过程,期间极端高温事件频发,全省出现 84 站次极端高温事件,出现次数排 1961 年以来第 4 位。夏季极端高温天气造成养殖池塘病害多发、鱼类死亡率增大。高温对养殖鱼类的不利影响有:过高的水温会影响鱼类的生长。当气温达到 36～38 ℃或以上时,水温可达到 30 ℃以上,温水性鱼类的摄食功能下降,消化吸收率降低,生长速度减慢。水温进一步升高会引起鱼类生理代谢不良,抗应激能力下降,严重的还会引发鱼类死亡;冷水性鱼类对高温胁迫更加敏感,水温高于 24.0 ℃鱼类就无法忍受。在高密度精养的情况下,随着水温升高,鱼类摄食量增加,排泄物也相应增加,有机质的养分分解作用加快,当排泄的有机质大量积累超过水体自身的氧化功能时,就会产生各种有害物质,导致水质变差,鱼病增多,严重的会造成鱼类大量死亡。夏季高温用药不当会引起鱼类中毒死亡,夏季水温高的时期,药物毒性随着水温上升而增加,气温每上升 10 ℃,药物毒性就会增加 2～3 倍,也最易杀伤鱼鳃引起死亡(李贵雄,2007)。

(5)冬季低温冻害对淡水养殖的影响

华中区域近 50 年来日最低气温≤−5 ℃日数、≤−7 ℃日数及≤−9 ℃的日数呈减少的趋势，21 世纪以来发生频次比其他各年代都少，淡水养殖遭遇低温冻害的风险也在减少，但近年来，低温冷冻天气仍时有发生，如 2008 年初。冬季发生低温冻害时，水温持续过低可直接造成热带、亚热带或暖水性鱼类的死亡，如罗非鱼在水温低于 15 ℃就可能出现冬眠甚至死亡，水温低于 14 ℃持续一段时间罗氏沼虾就会死亡，鲮鱼在水温低于 14 ℃停食，低于 7 ℃就会发生死亡，青鱼在水温低于 6.5 ℃时就可能发生死亡。另外，冬季低温冻害导致养殖水面结冰，若封冻时间过长，造成水中严重缺氧，也可能加重鱼类窒息死亡。如 2008 年 1 月持续低温雨雪冰冻灾害导致部分罗非鱼、鲮鱼、罗氏沼虾、南北美对虾、淡水白鲳、小龙虾苗等品种死亡。截至 2008 年 2 月 12 日，全国 19 个省(区、市)受灾养殖面积 1455 hm^2，损失水产品 8.7 亿 kg，直接经济损失达 68 亿元(区又君，2008)。

6.4　应对策略与措施选择

(1)推进农业种植制度调整，优化粮食作物布局，发展多熟制。根据未来华中区域热量资源增加的特点，在区域中部水稻产区适当换种生育期较长的中晚熟品种，适度扩大双季稻种植面积；河南南部、湖北北部冬麦区要适度推广弱冬性或春性小麦品种，适当推迟冬小麦播种期；北部夏玉米产区继续推广夏玉米中熟品种和“麦后直播夏玉米”技术；加强培育和推广抗旱抗涝、抗高温、抗病虫害等抗逆品种。

(2)挖掘山区气候资源优势，打造柑橘、油茶等特色农业优势产业带。开展山区农业气候资源精细区划，开展名特优农产品气候品质评价和论证；利用山区气候资源优势，打造三峡河谷及湘南脐橙、鄂西及湘西椪柑、蜜橘、冰糖橙等优质柑橘产业带；把油茶产业作为区域南部林业的优势特色产业，建立区域化、规模化的产业格局。

(3)提高水产养殖防范气象灾害能力，推广“鱼稻”等综合生态循环农业模式。加强水产养殖水环境要素、渔事活动气象条件、气象灾害、鱼类病害等的监测预报，减少浮头泛塘和鱼类病害的发生概率；在水资源承载力评估的基础上规划和发展水产养殖业，合理有序地推广“虾稻”“鱼稻”等综合生态循环农业发展模式。

(4)强化天气极端气候事件监测预报及信息服务，增强农业防灾减灾能力。加强旱涝、极端高(低)温等极端天气气候事件的监测预报及气象信息服务；强化农业适应气候变化、防范极端天气气候事件的工程措施的研究和推广，减轻极端天气气候事件对农业的不利影响；完善政府主导、多部门参与的农业天气指数保险机制，扩大农业保险种类和覆盖面，提高农业灾后重建能力。

第7章 气候变化对重大水利工程营运的影响分析及对策建议

摘要 长江上游旱涝特征的改变以及极端降水事件发生强度与频率的变化均对三峡工程的安全运营产生了影响。长江上游年降水量年际波动较大,5—9月暴雨和极端降水量呈增加趋势;长江上游绝大部分支流和宜昌水文站年均流量呈减少趋势。降水形式更加趋于集聚化,年降水、径流量时空变异程度的加剧,导致了旱涝特征的变化,造成三峡工程来水时间分布更加不均,入库水量变动范围增大。南水北调中线工程水源区和受水区降水量年际变率增大,受水区、水源区同枯同丰概率加大,增加了南水北调中线工程的调度难度。1960—2015年水源区和受水区年降水量年际变率增大,呈现旱涝极端事件交替出现的特征。近20多年来,水源区降水年代际及年内季节的变幅在增大,极端旱涝事件和旱涝急转的概率明显增加,20世纪90年代后受水区和水源区同枯同丰概率加大。20世纪90年代以来丹江口水库入库流量偏少,21世纪以来有所增加。华北平原地下水消耗已出现"拐点",地下水储量变化趋势由调水前的−23亿m^3/a转变为了调水后的3亿m^3/a。

21世纪中后期长江上游降水、平均气温、径流量呈增加趋势,径流年内分布的均匀性有所增加,但年际变化明显增大,嘉陵江流域、乌江流域和长江上游干流旱涝出现的频率和程度也显著增加,是对气候变化响应最敏感的区域。三峡水库未来年平均发电量、无法利用的弃水将增加,水能利用率下降;但极端偏枯年份来水偏少的异常程度加剧,未蓄满年份平均蓄水位和发电保证率将下降。发电量增加主要集中在春季和秋季,然而发电量的年际变异明显增大,尤其是在枯水季节平均蓄水位和发电保证率有微弱下降,从而降低了水库的运行效率和电力供应的稳定性;同时由于未来汛期径流总体增加,且大洪水发生概率增加,超额洪量无法开展洪水资源化利用,而引起弃水增加,水能利用率下降。未来南水北调中线工程水源区和受水区降水均不同程度增加,调水可能总体朝有利方向发展。未来情景下水源区和受水区降水均不同程度增加,未来前期以干旱事件为主,后期存在较大的同涝风险。未来情景下可调水量将较为丰沛,供水压力将减小,受水区的生产、生活、生态用水压力将得到较大的缓解,未来水源区对各受水区调水保障概率均在88%左右。所有排放情景下,中线工程可调水量和郑州市水资源缺口,都是丰枯异步的遭遇概率最高,对南水北调中线工程与郑州市的水量调度明显有利。约80%的年份中线工程对郑州市的供水安全有正面影响,而其余20%的年份中线工程对郑州市的供水安全有负面影响。21世纪后期水源区和受水区存在同涝的风险,出现阶段性强降水的概率大,将增加南水北调中线工程的防洪压力。

7.1　工程概况

华中区域水资源丰富，长江、黄河、淮河等河流横穿境内，水利工程密布，最著名的是三峡工程和南水北调中线工程。三峡工程位于中国湖北省宜昌市三斗坪镇境内的长江干流上的上下游交界处，是中国有史以来建设的最大型工程项目，具有防洪、抗旱、发电、航运、减排等重大作用。南水北调中线工程是解决北方缺水问题的重大工程，重点解决河南、河北、北京、天津 4 省(市)的水资源短缺问题，为沿线大中城市提供生活和工农业用水，受益人口达 3800 万。近年来长江流域洪水、干旱灾害频发，对水库安全运行、科学调度和发挥水利枢纽工程的综合效益都提出了严峻的考验。

7.1.1　三峡工程及上游流域

三峡工程，包括三峡大坝和三峡水电站，三峡水电站是世界上规模最大的水电站之一，三峡工程 1994 年正式动工兴建，于 2003 年蓄水发电，2009 年全部完工，2012 年 5 月 4 日，三峡地下电站 27 号机组首次成功启动，此举标志着三峡工程最后一台 70 万 kW 机组投产发电进入倒计时阶段。三峡水库总面积 1084 km^2，正常蓄水位 175 m，总库容 393 亿 m^3，可调节防洪库容达 221.5 亿 m^3，能有效拦截宜昌以上来的洪水，大幅度削减洪峰流量；三峡水电站多年平均发电量 882 亿 kW · h，年最大发电量可超过 1000 亿 kW · h。

长江干流源头至宜昌为上游，长 4500 km，流域面积 100 万 km^2，宜昌水文站年均来水量 4510 亿 m^3。上游包括金沙江、岷沱江、乌江、嘉陵江以及上游干流区间共 5 个流域。干流宜宾以上属峡谷河段(玉树以上称通天河，玉树段至宜宾通称金沙江)，长 3464 km，落差 5100 余米，占长江总落差的 95%；金沙江河段比降大，滩多流急，汇入的主要支流有北岸的雅砻江。宜宾至宜昌段(通称川江)长 1030 km，沿江丘陵与阶地互间，汇入的主要支流，北岸有岷江、沱江、嘉陵江，南岸有赤水河、乌江。

长江水能资源分布特点是西多东少，长江上游(宜昌以上)地区水能蕴藏量约占长江总水能蕴藏量的 80%以上。长江水量以岷沱江最丰，年水量为 877 亿 m^3，嘉陵江居第二位。

7.1.2　南水北调中线工程及上游流域

南水北调中线工程从丹江口水库调水，跨越长江、淮河、黄河、海河四大流域，经河南、河北、北京和天津 4 个省(市)，自流到北京市颐和园团城湖，缓解了沿线省、直辖市的水资源短缺问题。输水干线全长 1432 km，具备向北方年调水 95 亿 m^3 的能力。丹江口水库水源区为汉江流域丹江口以上地区，集水面积 9.52 万 km^2，工程正常蓄水位 170 m，总库容 339 亿 m^3；受水区约 15 万 km^2，包括唐白河区、淮河区、海河区。2014 年工程正式向北方通水。

中线工程在丹江口水库东岸河南省淅川县九重镇境内的工程渠首开挖干渠，经方城垭口穿江淮分水岭，沿华北平原中西部边缘开挖渠道，在荥阳通过隧道穿过黄河，沿京广铁路西侧北上，丹江口水库水位高于华北平原，可以实现全程自流。

南水北调中线工程水源区(以下简称“水源区”)主要为汉江流域丹江口以上地区，涉及甘肃、陕西、河南、四川、重庆、湖北六省(市)。其核心水源区位于丹江口库区，地处丹江与汉江流域的汇合处，水源区总集水面积为 95387.9 km^2，占汉江整个流域面积的 60%(王妍，2018)。

水源区属于亚热带半湿润季风气候区,河流大多分布在山地丘陵中,水源区内河流水系较为发达,大小支流众多,有近 5900 条,河流流域面积在 100～1000 km^2 的有 210 多条,超过 1000 km^2 的有近 20 条(孙玉君 等,2016)。

7.2 气候变化事实及其影响

7.2.1 长江上游气候变化事实及其对三峡工程安全和营运的影响

7.2.1.1 气候变化事实

(1)年降水量变化

1960—2015 年,长江上游年降水量整体表现为弱的减少趋势,变化速率为－7.5 mm/10a。20 世纪 60—80 年代,年降水偏多;90 年代后年降水偏少。年降水量的年际波动较大,20 世纪末和 21 世纪初长江上游年降水量的变幅明显较其他时段大,该时段内出现了年降水量历史最大年(1433.9 mm,1998 年)和历史最小年(862.5 mm,2001 年)。多位学者也给出了类似的结论:多年平均年降水量变化有不显著的减少趋势(王雨茜 等,2017;孙甲岚 等,2012;冯亚文 等,2013;高琦等,2018 年),2000 年后年降水量减少尤为明显,宜宾—重庆段减少最为严重,金沙江减少最微弱,嘉陵江流域年降水量呈现减少的趋势(曾小凡 等,2014,王苗 等,2017)。

空间分布特征,长江上游年平均降水量由西北向东南递增。长江源头地区降水量较小,仅为 240 mm 左右,流域东南部四川盆地、长江干流等地区,降水量较大,其中,四川盆地西部的部分地区年降水量超过 1600 mm。

(2)汛期及季节降水量变化

2003 年三峡水库蓄水后,库区内长江以南地区汛期降水下降(王圆圆 等,2017);库区外西北部地区汛期降水上升。蓄水关键区 5—9 月降水量占全年降水量的 75.6%,5—9 月降水量以－12.2 mm/10a 的速率显著减少,减少趋势较为明显的区域主要位于岷江、沱江、宜宾—重庆段交汇处,20 世纪 70 年代前呈“中北多、南部少”,之后演变为“中北少、南部多”(王苗 等,2017)。1960—2015 年春季和冬季有不明显的下降趋势,夏季有不明显的上升趋势,秋季有明显的下降趋势,变化速率为－8.4 mm/10a。

(3)最大连续 30 d 降水量变化

总体来说,最大连续 30 d 降水量在平均值附近呈现出波动变化趋势,1971—2010 年平均为 253.0 mm,最大值为 358.0 mm(2007 年 7 月 4 日至 8 月 2 日);最小值为 149.6 mm(1961 年 7 月 6 日至 8 月 4 日)。

(4)年降水日数变化

长江上游地区年降水日数较多,多年平均(1971—2010 年)年降水日数为 152.5 d,各地年降水日数介于 130～170 d。1960—2015 年呈缓慢减少趋势,总体变化速率为－1.5 d/10a。20 世纪 80 年代年降水日数偏多且大雨、暴雨以上日数偏多,21 世纪以来年降水日数偏少。

(5)极端降水及灾害性天气变化

长江上游 5—9 月暴雨和极端降水量呈增加趋势,极端降水在总降水量中所占比例较大,这表明降水的形式更加趋于集聚化,并且比例自西北向东南逐渐减少(王苗 等,2017)。

极端降水在汉江流域西北部显著增加，嘉陵江流域表征暴雨事件的极端降水指标呈现减少趋势(曾小凡 等，2014)，而大渡河流域的极端降水指数呈现出相对稳定的波动增加(刘佳 等，2015)。

三峡库区西南部代表站巴南的极端降水事件在1974年后发生了一次由偏多向偏少的突变，北部区代表站北碚在1981年后和1993年后分别发生了由偏少向偏多和由偏多向偏少的突变，中部区代表站武隆在1984年后发生了一次由偏多向偏少的突变(刘晓冉 等，2012)。

1960—2015年，三峡库区连阴雨过程的频次、总天数和总降水量呈明显减少趋势(郑衍欣 等，2018)，持续时间5～6 d的短期过程频次、总天数以及总降水量均呈弱增加趋势；降水强度在整个库区均较强；持续时间7～10 d的中期过程和持续时间10 d以上的长期过程频次、总天数和总降水量呈减少趋势，且长期过程的减少趋势更明显，在2000年以后很少出现。

1955—2009年，三峡库区年平均雾日数呈弱的下降趋势，持续12 h以上的和连续3 d以上的大雾天气有明显增加趋势(黄治勇 等，2012)。

(6)气温变化

长江上游平均气温有上升趋势，主要以3年、7年和31年为周期变化(孙甲岚 等，2012)。而库区1961—2014年年均气温有显著上升趋势(向菲菲 等，2018)，升温率为0.195 ℃/10a(王雨茜 等，2017)。金沙江流域的气温具有显著的升高趋势(卢璐 等，2016)，年均气温线性升高率为0.252 ℃/10a，其中，冬季升温最为显著。

(7)532年三峡库区旱涝变化

1470—2011年，三峡库区18世纪之前偏旱(包括旱)次数多于偏涝(包括涝)次数，以偏旱(包括旱)为主，进入20世纪库区的旱涝次数明显增加。19世纪之前，偏旱以上等级呈现准60年的周期振荡，偏涝以上等级存在准百年的周期振荡；18世纪以来偏涝以上等级存在准40年的周期振荡(马德栗 等，2016)。

7.2.1.2　气候变化对长江上游及各支流径流的影响

(1)宜昌水文站流量、水位变化

宜昌水文站位于三峡大坝下游43 km处，是长江干流重要的节点水文站。1890—2016年平均流量为13995.4 m^3/s，折合为每年4413.6亿m^3，流量呈每10年减少118 m^3/s的变化趋势；水位和流量波动变化较为一致，即流量大水位高，流量小水位低；流量最大值出现在1992年(19144.2 m^3/s，6037.3亿m^3)，最小值出现在2006年(8808.1 m^3/s，2777.7亿m^3)，相应的水位最高、最低值也分别出现在1992年和2006年，分别为45.4 m和41.2 m(图7.1)。

1961—2016年，年平均流量为13593.85 m^3/s，较近百年平均值偏少401.5 m^3/s，即年均偏少126.6亿m^3。呈现每10年减少329 m^3/s的变化趋势(孙甲岚 等，2012)，水位也呈−0.5 m/10a的减少趋势。自2001年开始，除2005年和2012年外，年平均流量均不足14000 m^3/s，水位除2005年外，均维持在43 m以下。

宜昌汛期(6—9月)径流量占全年的79%，枯季径流只占21%。汛期径流有减小趋势，枯季(11月至次年4月)径流有不明显的增大趋势(赵军凯 等，2012)。长江上中游降水量的减少是导致宜昌站的径流量呈现下降趋势的主要原因(戴仕宝 等，2006)。不同季节中各流域降水对宜昌水文站流量影响的程度各异(冯明 等，2006)，如最为显著的冬季是金沙江，春季是乌江，夏季是长江干流，秋季是嘉陵江。

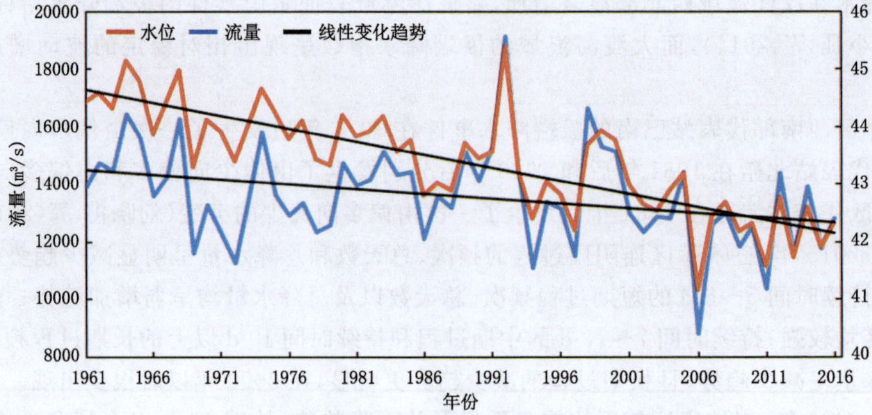

图 7.1 宜昌站 1961—2016 年流量、水位变化序列

(2)长江上游及各支流径流变化分析

长江上游：长江上游 1961—2010 年的径流量具有丰—丰枯交替—枯的变化过程(舒卫民 等,2016),并无明显的趋势。汛期(6—10 月)占全年的比例高达 70%以上。长江上游直门达水文站 1963—2001 年年径流量呈减少趋势,其中,以秋季径流量减少最为明显;长江上游流域夏、秋季降水量减少、年平均气温升高和蒸发增大引起的气候干旱化趋势是造成年径流量减少的主要原因,其中,降水量是影响径流量的最主要因子;夏季降水量的减少与秋季径流量的减少关系密切(李林 等,2004)。

长江源区：长江源区在最近 10 多年(1994—2010 年)水资源量有明显增多现象,近 10 多年长江源区气温显著升高,导致更多冰川融化,这可能是近年来长江源区水资源量增多的原因(白路遥 等,2012)。

金沙江流域：2006 年前金沙江流域径流微弱增加(夏军 等,2008),三峡工程蓄水后(2003—2014 年)金沙江流域的降水、径流深都有所减少(陈吉琴 等,2017)。近 60 年(1951—2010 年)来金沙江流域受降水、气温、积雪和冰川等因素变化的影响,流量总体上呈增加趋势,然而,1998—2010 年具有明显的减少趋势(卢璐 等,2016)。

寸滩、北碚和武隆 3 个水文站：2006 年前长江上游干流控制站寸滩站径流微弱减少(夏军 等,2008),1991—2011 年相对于 1961—1990 年,气候变化和人类活动对寸滩、北碚和武隆 3 个水文站年径流减少量的贡献率分别为 25.2%～35.2%和 64.8%～74.8%,气候变化对月径流量的影响幅度有限,导致 7 月汛期径流量有一定程度的增加,8—10 月的径流量普遍减少;人类活动对月径流量影响明显,导致 7 月实际径流量减少,并进一步加剧了 8—10 月径流量减少的幅度,人类活动的贡献大于气候变化(刘波 等,2018)。

其他流域：2006 年前岷江流域高场、横江流域横江、沱江流域李家湾、嘉陵江流域小河坝、武胜、北碚等站的径流显著减少(夏军 等,2008)。长江支流涪江流域 1954—2001 年(王渺林 等,2006)径流减少十分显著。清江流域各年代及多年平均降水、径流年内分配极为不均,夏季降水量、径流量均占全年总量的 40%以上(黄济琛 等,2017)。

7.2.1.3 气候变化和气象灾害对三峡工程营运的影响

长江上游流域降水形式更加趋于集聚化,年降水、径流量时空变异程度的加剧,导致了旱涝特征的变化，造成了三峡工程来水时间分布更加不均匀，增大了入库水量的变动范围，对调度方式的适用性提出了新的挑战。当汛期入库水量超出原库容设计标准及相应正常蓄水位时，水库的防洪调度任务加大，对水库的应急调度也提出了更高的要求；遇持续干旱引发入库水量锐减，给水库蓄水、发电、航运及水环境均带来了不利影响，加剧了水库运行的不稳定性。暴雨强度加大和次数增多引发的泥石流、滑坡等地质灾害给三峡工程的安全和正常运行带来了潜在威胁。

2006年8月，四川、重庆发生了特大干旱，长江干流寸滩、宜昌等水文站相继出现历史同期最低水位，造成了库区来水不足，发电不稳。2007年7月16日重庆市发生特大暴雨，引发了严重的山洪、滑坡和泥石流灾害，对水库航运、防洪等产生了较大影响。1998年长江大水，库区宜昌—江津有19个县(市)发生了不同程度的地质灾害，涉及135个乡镇，513个村，8万余人受灾，直接经济损失6.1亿元。2014年9月1日至2日，位居重庆三峡库区腹地的云阳县、巫溪县、奉节县因暴雨引发地质灾害，损失惨重。在云阳县，滑坡山洪造成16人遇难，16人下落不明，该县10个乡镇28万民众受灾。而重庆市奉节县的暴雨引发的地质灾害导致10人死亡，10人失踪。2020年7—8月，受长江上游强降水过程影响，多条河流发生超保证水位或超历史洪水水位，三峡来水量大幅度增加，接连发生5次编号洪水，三峡水库出现了建库以来的最大入库、出库流量和夏季最高水位，导致三峡防洪、调度任务加重，给工程的安全、正常运行带来了威胁。

7.2.2 南水北调中线工程气候变化事实和旱涝灾害及其对工程的影响

7.2.2.1 气候和旱涝灾害变化事实

(1)水源区和受水区降水、气温、蒸发气候变化事实

南水北调中线工程水源区1981—2010年平均年降水量858.8 mm，汛期(5—9月)、非汛期分别为704.2 mm、154.6 mm，汛期降水量占全年总降水的72.3%。1961—2015年年降水量、汛期降水量、非汛期降水量分别以9.1 mm/10a、0.5 mm/10a、8.3 mm/10a的速率减少。

受水区1981—2010年平均年降水量为632.4 mm，汛期(5—9月)、非汛期分别为559.0 mm、100.4 mm。1961—2015年年降水量、汛期降水量、非汛期降水量分别以9.3 mm/10a、10.7 mm/10a、4.1 mm/10a的速率减少，减少速率均不明显。

1961—2015年水源区年平均气温以0.13 ℃/10a的速率显著升高，受水区多年平均气温以0.17 ℃/10a的速率显著升高。1961—2015年水源区和受水区多年平均蒸发量平均为1634.4 mm，蒸发量随时间整体上有略减少的趋势，减少幅度为93.6 mm/10a。

(2)水源区和受水区极端降水变化

南水北调中线工程水源区多年平均大雨日数和暴雨日数分别为5.4 d和1.9 d，随时间整体上波动，平均每10年分别增加0.2 d和0.1 d。多年平均大暴雨和特大暴雨日数分别为0.3 d和0.007 d，大暴雨日数随时间整体上呈波动变化，特大暴雨日数随时间整体上波动减少，减少趋势不显著。

(3)水源区和受水区近500多年来旱涝配置变化

研究表明，1470—2000年，汉江流域经历了5个以旱为主的阶段和4年以涝为主的阶段；汉江流域的洪涝具有持续性，且涝年多于旱年。近500年来水源区旱年出现概率呈先减少后增加趋势，尤其是1800年以来，旱涝事件增多(方思达 等，2018)；近20多年来，汉江上游丰枯

概率增加,20 世纪 90 年代后同枯同丰概率加大,南水北调中线工程调水效益风险增加。

受水区淮河流域的调水保障概率最高(87.3%),唐白河流域调水保障概率最低(78.4%)。秋汛期(9—11 月)为调水最有利的时段,非汛期唐白河、海河和淮河 3 个流域的调水保障概率均在 80%以上,汛期最不利于唐白河流域调水,非汛期最不利于淮河流域调水(表 7.1)。

表 7.1 1470—2000 年南水北调水源区与受水区旱涝遭遇频率(%)

流域	不利频率(同旱或水源区旱受水区平频率)	有利频率
汉江上游—唐白河	21.6	78.4
汉江上游—淮河	12.6	87.3
汉江上游—海河	16.2	83.8

7.2.2.2 丹江口水库及上游站点的水文变化特征

20 世纪 30—80 年代,丹江口入库流量较丰,平均入库流量为 1231 m^3/s,年入库流量在均值附近振荡,变幅大;入库流量 1989 年出现突变,20 世纪 90 年代以来,入库流量减少,平均入库流量为 986 m^3/s,进入 21 世纪以来,入库流量又有增加的趋势,但是从 2012 年开始连续 5 年来水量偏枯。

分别采用 Mann-Kendall 方法和 Pettitt 检验,对 1960—2012 年丹江口水库入库径流的年际和年内变化趋势进行分析,并与同时期汉江上游 20 个地面气象观测站的降水、气温的年际和年内演化趋势进行了比较,结果表明:丹江口入库径流的减少主要受春季和秋季径流减少的影响,在春季径流的减少总量中,气候变化的贡献度为 67%,人类活动为 33%;秋季径流的减少总量中,气候变化的贡献度为 88%,人类活动为 12%。气候变化是导致丹江口入库径流减少的主要原因(杨娜 等,2016)。

丹江口水库水位随入库流量增减而升降,20 世纪 70 年代入库流量较小对应较低水位;80 年代入库流量较大对应高水位;90 年代入库流量减少至低谷,水位也随之下降;进入 21 世纪以来,入库流量增加,相应水位也有所回升,2015 年高水位是由于丹江口水库大坝加高造成的。

水源区内的安康、荆紫关、黄家港 3 个代表水文站点 1960—2015 年的月径流数变化,只有安康站的夏季和黄家港站冬季和非汛期表现为增加趋势,其他站的其他季节时段都表现为减少趋势(王妍,2018)。

7.2.2.3 气候变化事实和气象灾害对南水北调中线工程的影响

1960—2015 年,水源区和受水区降水量年际变率增大,呈现旱涝极端事件交替出现的特征。20 世纪以来水源区干旱年出现概率处于历史高位,受水区各流域与水源区同旱概率也处于历史高位。近 20 多年来,水源区降水年代际及年内季节的变幅在增大,极端旱涝事件和旱涝急转的概率明显增加,20 世纪 90 年代后受水区和水源区同枯同丰概率加大。90 年代以来丹江口水库入库流量偏少,21 世纪以来有所增加。地下水观测数据显示,华北平原地下水消耗已出现"拐点",地下水储量变化趋势由调水前(2005—2014 年)的−23 亿 m^3/a 转变为了调水后(2015—2018 年)的 3 亿 m^3/a。水源区旱涝变化影响中线工程可调水量,受水区旱涝变化影响需调水量及供水保证率,中线水源区和受水区旱涝配置直接影响中线工程所需调水量、调水的经济效益和正常运行。如 2016 年是中线水源区连续第 5 个枯水年,丹江口水库入库水量较常年偏少4成左右，水位长期徘徊在150 m的死水位以下，极不利于向干旱严重的淮河、海河等受水区输水。2016年水库累计来水218亿 m^3，较多年均值363亿 m^3 偏少4成，属来水特枯年份，为确保向北方供水，丹江口水库全年向汉江中下游供水流量（发电流量）仅以生态流量下泄，故发电少，水库全年累计发电量2.216亿kW·h，较多年均值（33.78亿kW·h）偏少34%，全年丹江口水库几乎不参与调峰，一条线运行，也失去了电网调峰的作用。向汉江中下游平均供水流量仅469 m^3/s，其中，1—4月，平均400 m^3/s；汛期5—10月，平均501 m^3/s；11—12月，平均438 m^3/s。长期的低流量，造成了汉江中下游水生态环境的破坏，2016年2月底，汉江中下游沙洋、钟祥、潜江河段发生小面积、轻微"水华"现象；丹江口—王甫洲区间的水草疯长，形成了大量水草拥堵，严重影响了王甫洲电站的发电。2017年汛期来水丰枯不均，枯丰急转，夏汛特枯，造成1—8月水库运行调度紧张，汉江中下游流量仅以生态流量下泄；9—11月来水特丰，水库在满发的情况下发生了弃水。2017年丹江口水库累计发电31.297亿kW·h，较多年均值（33.78亿kW·h）正常略偏少，主要是前期来水偏枯，发电少，后期来水偏丰，才弥补了前期发电异常少的状况。

7.3　未来气候变化预估及其影响

7.3.1　长江上游和三峡库区气候变化预估及对蓄水和发电的影响

7.3.1.1　未来降水的预估

第五次国际耦合模式比较计划（CMIP5）中5个气候模式（GFDL-ESM2M、HaDGEM2-ES、IPSL_CM5A_LR、MIROC-ESM-CHEM、NorESM1-M）在3种典型浓度路径（RCPs）下预估的三峡库区降水总体呈增加趋势，在21世纪30年代后高于当前气候平均值，21世纪末相对于当前增加5%～15%（秦鹏程 等，2019）。

CCLM区域气候模式在RCP4.5情景下，寸滩以上流域降水也有一定的增加，但2030年后呈弱的减少趋势（黄金龙 等，2016）。2016—2050年（王若瑜 等，2017）三峡库区年暴雨日数将显著增加，平均较当代（1986—2005年）增加1.2 d。

7.3.1.2　未来气温的预估

CMIP5中5个气候模式在3种典型浓度路径（RCPs）下的预估结果表明，长江上游平均气温呈显著上升趋势，21世纪末较当前（1986—2005年）升高1.5～5.5 ℃（秦鹏程 等，2019）。

CCLM区域气候模式在RCP4.5情景下，2011—2040年（黄金龙 等，2016）寸滩以上流域平均气温、最高气温、最低气温将明显升高，并呈持续上升趋势。

气候变化预估表明，2050年前（陈鲜艳 等，2015）三峡库区未来各月气温均呈上升趋势，其中，夏季（6—8月）气温升高趋势最为显著。

7.3.1.3　未来径流的预估

用第五次国际耦合模式比较计划（CMIP5）中5个气候模式在3种典型浓度路径（RCPs）下的预估结果驱动SWAT水文模型（秦鹏程 等，2019；Qin et al.，2019），预估的长江上游年径流量及各月平均径流均有增加的趋势，在21世纪30年代后高于当前多年平均值，21世纪中期增加4%～8%，21世纪末增加10%～15%。预估的径流年内分布的均匀性有所增加，但年际变化明显增大,极端旱涝事件的频率和强度有明显增加。多模式(CMIP5)未来不同排放情景(RCPs)在99%的置信水平下,未来80年(2020—2099年)长江上游年径流量在RCP2.6排放情景下呈不显著增加趋势(詹万志 等,2017),在RCP4.5排放情景下呈不显著减小趋势,而在RCP8.5排放情景下则呈显著减小趋势。未来气候变化条件下(陈鲜艳 等,2015),三峡工程区域虽然降水量变化不大,但径流量的减少幅度和蒸发量的增加幅度要大于降水量的减少幅度。

各气候模式预估的径流变化趋势存在一定的差异,尤其是长江上游中部的嘉陵江流域、乌江流域和上游干流区间不同气候模式预估结果差异最大,说明预估结果存在较大的不确定性,而各气候模式对金沙江流域、上游干流区间以及长江上游径流总量的预估在21世纪中叶以后呈一致的增加趋势,表明21世纪中后期上述流域径流较当前增加具有较高的可信度。预估的各子流域径流变化对气候变化的响应也存在差异,金沙江和岷沱江流域年径流量、年际变异和年内分布变化小,对气候变化的响应表现为低敏感;嘉陵江流域、乌江流域和长江上游干流径流增加幅度大,同时极端丰枯出现的频率和程度增加显著,是气候变化响应的敏感区域。

7.3.1.4　气候变化对蓄水和发电的影响

未来三峡水库的蓄满时间总体将提前2.0～8.4 d(秦鹏程 等,2019),但由于径流年际变异显著增大,蓄满率在2046—2065年表现为下降趋势(−0.7%～−6.7%),2080—2099年有所提高(3.3%～7.3%),年平均蓄水位在2046—2065年下降0.2～0.6 m,2080—2099年下降0.1～0.2 m(Qin et al.,2020a),预估年平均发电量在2046—2065年将增加2.0%～2.3%,2080—2099年增加5.2%～8.1%(Qin et al.,2020b),增加的月份主要集中在春季和秋季(0.3%～51.7%),然而发电量的年际变异明显增大,尤其是枯水季节,所以枯水季节的平均蓄水位和发电保证率有微弱下降,从而降低了水库的运行效率和电力供应的稳定性,同时由于未来汛期径流总体增加,且洪水频率增加,导致超额洪量无法开展洪水资源化利用引起弃水增加(0.5%～7.8%),水能利用率下降(图7.2)。

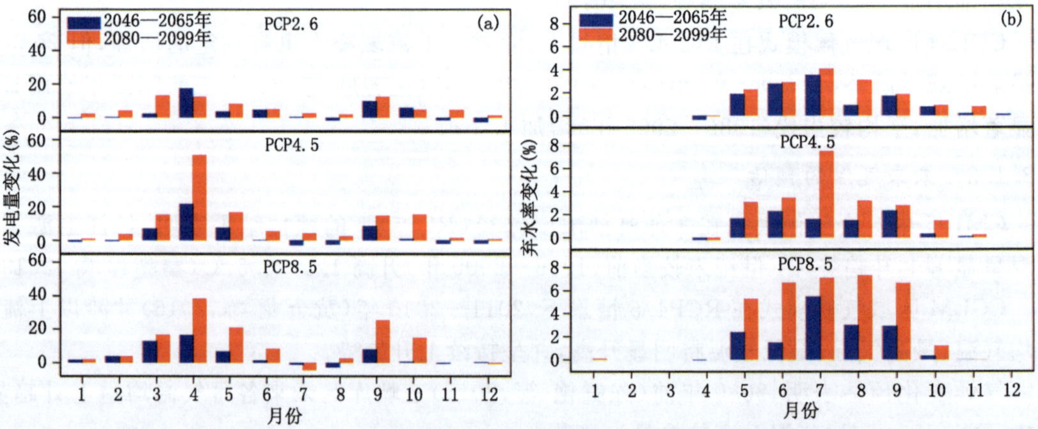

图7.2　3种RCPs下5个GCMs集合预估的未来典型时段逐月发电量(a)和弃水率(b)相对于基准时段的变化(基准期为1986—2005年)

7.3.1.5　气候变化对三峡工程的其他有利和不利影响

气候变化对三峡工程的积极影响主要表现为:未来降水量、流量将有所增加,三峡库区以及整个长江上游地区的水资源比较丰沛,有助于改善黄金水道的航行条件,通过水资源的优化调度，有利于水电增发，提供清洁能源，节能减排，改善生态环境，从而更好地发挥三峡工程的综合效益，促进长江流域乃至全国经济的发展。

气候变化对三峡工程的不利影响主要表现在：(1)三峡库区年内降水变率增大，将引起三峡工程以上流域来水的波动变化，增大入库水量变动范围，加剧水库运行的不稳定性，造成供电不稳、成本升高等问题；(2)极端天气事件发生频率及强度可能增加，将引发超标洪水的产生，特别是未来汛期径流总体增加，且洪水频率增加，对三峡工程造成防洪压力，同时导致无法利用的弃水增加，水能利用率下降；(3)秋季降水减少可能导致枯水期干旱事件增加，导致平均蓄水位和发电保证率下降，从而降低水库的运行效率和电力供应的稳定性，影响三峡水库的蓄水、发电、航运以及水环境；(4)气温持续升高，高温、旱涝等气象灾害的发生更加频繁，使三峡库区自然生态系统的脆弱性有所增大。

7.3.2　南水北调中线工程水源区和受水区未来降水和旱涝配置特征及对工程的影响

7.3.2.1　未来南水北调中线工程水源区和受水区降水预估

将 21 个 CMIP5 全球气候模式的模拟结果进行多模式集合，预估 RCP2.6 情景下 21 世纪不同时期降水变化的空间分布存在一定的差异。21 世纪前期，南水北调中线降水变化的区域特征非常显著，随纬度升高、降水增加幅度增大。21 世纪中期，汉江上游降水增加幅度最小，唐白河、淮河降水增加幅度最大。21 世纪末期，降水增加呈现“中间多、两边少”的格局。

RCP4.5 情景下不同时期降水变化的空间分布虽有一定的差异，但唐白河和淮河降水增幅最大，且随着时间推移，降水增幅加大。21 世纪前期，中线工程降水变化的区域特征非常明显，降水增加呈“中间大、两边小”的空间格局。21 世纪中期，降水增加空间分布格局与前期比较一致。21 世纪末期，海河流域降水增幅最小，唐白河和淮河增幅最大，为 100～112 mm，局部超过 112 mm。

RCP8.5 情景下 21 世纪不同时期降水变化的空间分布虽有一定的差异，但唐白河和淮河降水增幅最大，且随着时间推移，降水增幅加大。21 世纪前期，汉江增幅最小，其中，汉江上游大部分站点增幅为负距平，汉江中下游降水增幅为 10～20 mm，其他流域增幅为 25～45 mm。21 世纪中期，降水增加空间分布格局与前期比较一致。21 世纪末期，汉江上游降水增加幅度较小，为 100～120 mm，其他地区增幅为 100～150 mm。

7.3.2.2　未来南水北调中线工程水源区和受水区气温预估

使用 21 个 CMIP5 全球气候模式气温的模拟结果，预估 RCP2.6 情景下，2050 年之前气温升高 0.6 ℃，2051—2080 年气温升高 0.7～0.8 ℃，2081—2100 年气温升高 0.9 ℃；RCP4.5 情景下升温幅度低于 RCP2.6 情景。RCP8.5 情景下升温最高，2021—2070 年升高 0.7～0.8 ℃，2071—2090 年升高 0.9 ℃，2091—2100 年升高 1.0 ℃(表 7.2)。

表 7.2　不同情景下未来各年代气温变化预估(℃)

排放情景	2016—2020	2021—2030	2031—2040	2041—2050	2051—2060	2061—2070	2071—2080	2081—2090	2091—2100
RCP2.6	0.6	0.6	0.6	0.6	0.7	0.7	0.8	0.9	0.9
RCP4.5	0.5	0.5	0.6	0.5	0.6	0.6	0.6	0.6	0.7
RCP8.5	0.6	0.7	0.7	0.8	0.8	0.8	0.9	0.9	1.0

7.3.2.3 未来丹江口水库入库流量预估

利用21个CMIP5全球气候模式的模拟结果进行多模式集合,预估未来RCP2.6、RCP4.5、RCP8.5三种情景下,年均径流量分别为734.3 m^3/s、1046.5 m^3/s和963.7 m^3/s。其中RCP4.5情景下径流量呈微弱的增加趋势(0.8 $m^3/(s·10a)$),RCP2.6情景下呈2.91 $m^3/(s·10a)$的增加趋势,RCP8.5情景下则呈现−14.2 $m^3/(s·10a)$的减少趋势。

7.3.2.4 水源区和受水区未来旱涝配置预估

使用21个CMIP5全球气候模式的模拟结果,对RCP4.5排放情景下南水北调中线工程2020—2100年水源区、受水区旱涝特征预估结果(表7.3)可以看出,唐白河流域、淮河流域及海河流域未来的调水风险概率分别为12.3%,12.3%和11.1%,低于1961—2015年水平(三个子流域分别为21.8%、21.8%和18.1%)。未来海河流域调水保障概率最高,为88.9%;淮河流域和唐白河流域略低,均为87.7%,调水朝有利方向发展。此外,21世纪旱涝遭遇具有明显的年代特征,2050年以前水源区和受水区干旱出现频繁,调水风险主要考虑干旱事件,约占总数的近八成;2050—2100年绝大部分异常年份为偏涝,水源区和受水区同涝事件多发,存在较大的同涝风险,需提前做好应对措施。

表7.3 2020—2100年水源区与受水区旱涝遭遇频率

遭遇情形	P_1	P_2(同旱概率+水源区旱且受水区平概率)
汉江上游—唐白河	87.7%	12.3%(7.4%+4.9%)
汉江上游—淮河	87.7%	12.3%(8.6%+3.7%)
汉江上游—海河	88.9%	11.1%(2.5%+8.6%)

CSIRO-Mk3.6.0气候模式下,RCP2.6、RCP4.5、RCP6.0和RCP8.5四种排放情景的可调水量在21世纪都处于增长趋势,与排放量呈现正相关关系,即排放量越高,汉江流域水量越丰沛,可调水量越大。未来丹江口水库在中低等排放情景下的断流年数最少,为5~7次,而在高排放情景下断流的年数最多,达到了15次左右。21世纪近期三种调度模型(优先保证南水北调用水、优先保证汉江中下游用水和两者兼顾)中线工程调水量分别为60亿~100亿 m^3/a、50亿~90亿 m^3/a和50亿~100亿 m^3/a。所有排放情景下,中线工程可调水量和郑州市水资源缺口,丰枯异步的遭遇概率最高,对于南水北调中线工程与郑州市的水量调度明显有利。水资源缺口大而可调水量少和水资源缺口少而可调水量多的两种不利遭遇情形概率为16%~20%,表明接近20%的年份中线工程对郑州市的供水安全有负面的影响(孟猛,2019)。

7.3.2.5 未来气候变化对南水北调中线工程的其他影响

气候变化对南水北调中线工程水源区和受水区的社会经济发展既可能带来积极影响,也可能造成不利影响。积极影响主要表现为:中线工程水源区和受水区未来降水表现为不显著的增加趋势,水资源总体上较丰沛,受水区的生活用水需求将有极大改善,同时能提供更多的工农业用水,促进受水区的工农业发展,通过水资源的合理分配,将促进京津冀豫的经济发展。

不利影响表现为:(1)降水逐年及季节的变幅在增大,近20多年来极端旱涝事件和旱涝急转的概率明显增加,对水资源的合理调度提出了更高的要求。21世纪中后期降水增幅较大,出现阶段性强降水概率大,防汛压力大,局地强降水及山洪地质灾害的防范不容忽视。(2)未来水源区与受水区的旱涝遭遇特征前期将以干旱事件为主,这将在汉江上游水量不足而受水区调水量的需求又增加的情况下，对南水北调中线工程调水产生较大压力。(3)中线调水实施后，受水区城市生产、生活用水有所改观，但农业和生产用水依然缺乏。在未来气候变化和经济快速发展的共同作用下，虽然 2050 年后降水增幅加大，但需水也增大，中线受水区水资源短缺形势同样比较严峻。

7.4　应对策略与措施选择

(1)增强区域重大水利工程应对极端气候事件的能力。加强长江流域极端气候事件成因研究，深入开展气候变化对重大水利工程的影响评估，完善长江流域重大旱涝灾害监测预测系统，制定重大水利工程应对气候变化的长远规划与设计，完善重大洪涝、干旱遭遇事件的水库调度应急预案。

(2)提升流域水库群水资源联合调度气象预报水平。加强短、中、延伸期降水智能精细化网格预报和关键期旱涝预测技术研究，提高预报预测精度，延长预见期，为长江上游水库群、南水北调的中线工程水源区与受水区水资源联合调度提供技术支撑，降低极端天气气候事件背景下的工程运行风险。

(3)建立适应气候变化的水资源管理方式。根据气候变化规律优化调整水库水资源调度管理方案，提高水资源利用效率。综合利用流域实时水情和气象预报预测信息，提高水库蓄水保证率和洪水资源利用率，减少弃水率，最大限度发挥重大水利工程防洪、供水、生态、发电、航运等综合效益。

第8章 气候变化对湖泊湿地生态的影响及对策建议

摘要 洞庭湖和洪湖水资源呈年代际波动变化,水资源季节性分布特征明显,夏季水资源过于集中易引发洪涝,春季水资源不足易发生干旱。受降水年代际变化影响,20世纪50年代至21世纪前10年,洞庭湖和洪湖水资源大体呈现"丰—枯—正常—正常—丰—枯"的年代际变化特征。湖水面积对水资源丰枯的响应程度较高,洞庭湖和洪湖水体面积总体为减少趋势,但20世纪90年代最大,21世纪前10年最小,近年趋于平稳。21世纪后洞庭湖和洪湖地表径流总体表现为减少趋势,其中,洞庭湖流域及湘江、资水、沅江、澧水等子流域地表径流量在21世纪初先后出现突变点。

伴随着气温升高导致的蒸发量加大和降水的不均衡分布,加快了湿地萎缩及湿地类型的转变,引起湿地生态系统物种结构和生物群落的转变。2000年以后洪湖沉水植物群落分布破碎化明显,洪湖湖滨带植物种类减少。1951—2015年洞庭湖区旱涝急转现象频繁加剧洞庭湖湿地生态环境改变,特别是2003年以后的持续干旱导致湖盆面积的萎缩、水禽适宜栖息地面积减少和湿地物种资源减少,致使鸟类数量大为减少,珍贵鸟类难觅。冬季气温显著升高有利于钉螺安全越冬和其密度提高,1988年以来洞庭湖区钉螺总面积有扩大的趋势;湖北省钉螺和血吸虫生长发育适宜区在21世纪后扩展至除鄂西中高山以外的湖北大部地区。洪涝灾害可引起两湖地区钉螺扩散、急性血吸虫感染增加。

未来洪湖、洞庭湖流域水资源呈现增加的态势,但水资源汛期丰沛、枯季紧缺的时间分布特征更明显,极端旱涝事件发生更为频繁。未来洞庭湖周围的血吸虫传播风险增大,湖北钉螺潜在分布风险区范围相对扩大,钉螺潜在分布的中、高风险区向北移动。

8.1 气候变化对华中区域湖泊湿地水资源影响

湿地是"地球之肾"和气候变化的"缓冲器",既调蓄洪水、缓解干旱,又可以吸收和储存碳,是地球上最有效的碳汇,在应对气候变化方面发挥着不可替代的作用。洞庭湖和洪湖是长江中游典型的湖泊湿地,也是国际上著名的湿地,其生态保护成效事关长江流域生态安全与绿色发展,因此本部分以洞庭湖和洪湖及武汉城市和大九湖湿地为例,分析气候变化对区域湖泊湿地生态的影响,提出湖泊湿地适应气候变化的对策和措施。

8.1.1 典型湖泊(水库)水体面积变化

卫星遥感监测显示,2007—2018年华中区域丹江口水库、洞庭湖、长湖、梁子湖、斧头湖等大型湖泊、水库水体面积年际变化趋势基本一致，其中，2007—2013 年总体为减少趋势，而 2013—2017 年呈增加趋势，2018 年是近 5 年湖泊整体水体面积最小的年份。20 世纪 50 年代到 2018 年，华中区域主要湖泊湿地的面积呈减小趋势，其中，洞庭湖和洪湖减幅较大。20 世纪 50 年代，洞庭湖和洪湖水体平均面积分别为 4350 km^2 和 661 km^2，到 21 世纪初期，洞庭湖和洪湖水体面积分别减少 36%和 50%，而到 2018 年分别减少 77%和 47%。

8.1.2　洪湖湿地

8.1.2.1　洪湖湿地水位对气候变化的响应

刘敏等(2013)基于四湖流域气象站及洪湖湖区水位代表站逐月观测资料分析研究洪湖水位对不同时间尺度干旱指数的响应。结果表明：四湖流域蒸散发时间变化相对稳定，流域旱涝及洪湖水位变化主要受流域内降水变化的制约；洪湖水位对 SPEI/SPI 干旱指数具有明显的响应，但其响应程度在不同月份、季节及 SPEI/SPI 指数所取的时间尺度存在显著差异，夏、秋季及汛期洪湖水位对 SPEI/SPI 指数的响应较强。

8.1.2.2　气候变化对洪湖湿地地表径流的影响

SWAT 模型(Soil and Water Assessment Tool)模拟显示，洪湖流域地表径流量和降水量增加趋势相当，分别为每 10 年增加 15.0 mm 和 15.6 mm，均在 2002 年出现峰值；流域降水在 20 世纪 60 年代、70 年代相对较少，从 70 年代末开始至 90 年代末，降水相对丰沛，进入 21 世纪后，流域降水量又趋于减少。地表径流对降水的响应程度较高，但偏丰的年份推后，即 20 世纪 80 年代以后流域偏丰，丰水年主要集中在 90 年代后期，21 世纪后地表径流有减少的趋势(王苗 等，2016)。

8.1.2.3　气候变化和人类活动对洪湖水资源的影响

卫星遥感监测表明，20 世纪 70 年代以来，洪湖水体面积年际变化总体为下降趋势，特别是 21 世纪前 10 年中后期面积一直处于低值(图 8.1)；洪湖水体面积受降水影响非常明显，二者的相关系数达 0.7382；气候和人类活动对洪湖水体面积影响系数分别为 0.78 和 0.50，表明气候对洪湖水体面积影响大于人类活动；但 21 世纪以来人类活动对洪湖水体面积影响也逐渐增大(梁益同 等，2018)。

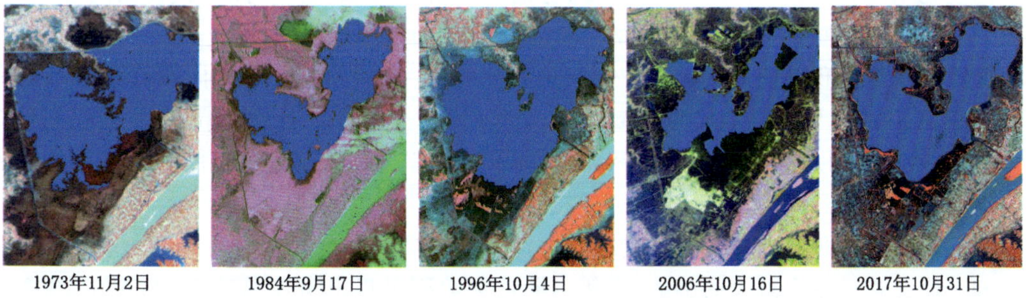

图 8.1　卫星遥感监测的不同年份洪湖水体范围变化

受气候变化和人类活动共同影响，相对于 20 世纪 80 年代，1990—2011 年洪湖流域年均地表径流深减少了 11.63 mm，其中，90 年代径流深呈增加趋势；而 21 世纪前 10 年呈减少趋势,减少量是 20 世纪 90 年代增加量的 1.7 倍。人类活动是洪湖流域地表径流减少的主要原因,其影响的贡献率占径流减少量的 63.7%,气候变化影响贡献率占 36.3%。但不同阶段人类活动与气候变化对洪湖流域地表径流影响的程度不同,90 年代气候变化对洪湖流域地表径流影响的贡献率高于人类活动,21 世纪前 10 年则相反(夏智宏 等,2014)。

8.1.3 洞庭湖湿地

洞庭湖入湖径流按来源通常分为长江四口(松滋、太平、藕池口和调弦口,调弦口已于 1958 年封堵)、湖南四水(湘、资、沅、澧)及区间(汨罗江、新墙河、汾水等河流)三部分,湖泊集水区面积约 130 万 km^2(覃红燕 等,2012)。

8.1.3.1 洞庭湖湿地水位对气候变化的响应

洞庭湖区年最高水位一般出现在汛期(5—9 月),但出现的时间早晚差异较大。当汛前期(5—7 月)降水异常偏多时,则最高水位出现在汛期前期;如果汛后期(8—9 月)涝特征明显,则最高水位出现在后期;只有 5—9 月降水整体异常偏少时,洞庭湖区最高水位才表现为低水位状态。

气候变化、人类活动等因素造成城陵矶水文站 1952—2006 年月平均水位序列发生多次突变。降水 20 世纪 50 年代为丰水期,60—80 年代处于下降趋势,90 年代以后略有上升,但变化幅度不大;年平均气温在 60 年代下降,进入 70 年代后上升,尤其是进入 90 年代后呈明显上升趋势;年日照时数从 60 年代初至 70 年代末呈上升趋势,80 年代初至今呈下降趋势。城陵矶的水位突变可能是由荆江裁弯、葛洲坝水利工程的影响所致(梁婕 等,2013 年)。

1955—2014 年,城陵矶流量年际变化呈减小趋势,水位呈增加趋势,且流量变幅大于水位。城陵矶出现了汛期(5—10 月)流量大幅减小、水位小幅升高及枯季 1—3 月流量变幅小、水位显著升高的现象,前者主要是因为顶托作用加强和河床淤积共同造成的,后者主要因河床淤积抬高水位所致;城陵矶极干旱年份(2006 年)的水位较正常年份(2007 年)出现了水位枯季不落、汛期不涨的现象,四水及区间汇流的增加是造成枯季不落的主要原因,而松滋、太平和藕池分流比的减小是引起 8—9 月城陵矶水位降低的主导因素(柴元方 等,2017)。

8.1.3.2 洞庭湖湿地面积对气候变化的响应

从气候的角度来看,影响湖泊水面面积变化的主要气候要素是降水。从洞庭湖流域年降水量的变化来看,2003 年之后总体上表现为偏少的状态,导致流域内的四水、区间(入湖中小河流)年径流量也随之呈现出一定量的下降,从而导致洞庭湖水域面积减小。

洞庭湖水体面积与前期累计面雨量呈正相关关系。夏半年(4—10 月)洞庭湖水域面积变化对小于 40 d 的累计面雨量较为敏感;而冬半年(11 月至次年 3 月)洞庭湖水域面积变化对小于 30 d 的累计面雨量较为敏感。另外,洞庭湖水体面积与百日以上时间尺度的雨量关系良好(刘可群 等,2009)。

洞庭湖水面面积的变化同时也受三口分泄长江干流来水量的制约。近年来荆江三口年径流量和分流比均呈现出减少的趋势,而年内断流天数则呈现出增加的趋势,尤其在 2003 年三峡水库蓄水运行后。三峡水库蓄水运行后洞庭湖汛期多年平均径流减少 392 亿 m^3,约占多年平均径流减少量的 77.0%(李景保 等,2009;2011)。从入洞庭湖水量的构成来看,四水及区间水量占到了整个入湖水量的 80%左右,即湖区水面面积变化主要受流域内降水带来的入湖水量的影响。由于洞庭湖流域近年秋季 9 月和 10 月的降水减少表现得较为明显,而此时正值三峡水库的汛末蓄水期。这样在流域降水偏少、三峡工程蓄水的共同作用下，必然带来入湖水量的大幅度减少(李景刚 等，2010)。另外，洞庭湖流域强降水事件增多，大雨冲刷带来的泥沙淤积也是洞庭湖水域面积减小的原因之一。

8.1.3.3　气候变化对四水径流量的影响

湖南四水入洞庭湖代表性水文站在 1951—2009 年的总径流量多年平均为 1673 亿 m^3。年径流量以湘水最高(657 亿 m^3，占四水总径流的 39.3%)，其次为沅水(640 亿 m^3，占 38.3%)，再次为资水(229 亿 m^3，占 13.7%)，最少的为澧水(147 亿 m^3，占 8.8%)。年际变化总体上呈波动状态，除澧水外，湘、资、沅均体现为三个波峰(20 世纪 50 年代初期、60 年代末至 70 年代初期、90 年代)和三个波谷(20 世纪 50 年代末至 60 年代初、80 年代、2001—2009 年)，且三个水系的最大径流量都出现在 20 世纪 90 年代。相比之下，澧水波动更为频繁但幅度相对较小。四水径流量的年际波动与四水流域的降水量波动密切相关，径流量的 3 个波峰期与降水量的偏多期对应，波谷期与降水量的偏少期对应，降水的周期性波动导致了径流量的周期性波动。另外，洞庭湖流域夏季降水增多导致发生洪涝的可能性增大，从水资源的利用角度而言，降水集中在夏季只会形成更多无法利用的洪水，而洞庭湖流域秋季降水量减少使得原本可方便利用的水资源减少(覃红燕 等，2012)。

1985—2010 年，洞庭湖流域及湘江、资水、沅江、澧水等子流域年径流量变化的突变点分别为 2002 年、2002 年、2006 年、2005 年和 2005 年，突变后相对于突变前分别减少了 28 mm、15 mm、130 mm、112 mm 和 102 mm，流域干旱形势更加严峻。径流量的减少主要受气候变化的影响，贡献率为 64%。虽然人类活动起到补充径流量的作用，贡献率为 36%，但是与气候变化的叠加影响整体上仍使径流量减少(程俊翔 等，2016)。

湘江流域 1982—2011 年径流也呈现先下降后上升再下降的变化过程，其变化受气候变化和人为活动的双重影响；在年尺度上，湘江流域径流的主要制约因素是气候变化，而植被和水利工程措施的影响相对较弱(张晓艳 等，2018 年)。

8.1.4　未来气候变化对水资源影响

8.1.4.1　洪湖湿地

洪湖湿地未来 RCP2.6、RCP4.5、RCP8.5 气候变化情景下，未来 50 年气温表现为一致的上升，相比 1961—2011 年，升幅分别为 1.4 ℃、1.9 ℃、2.4 ℃；未来 50 年三种情景下降水变化率分别为 −3.2%、7.6%、7.9%。RCP8.5 和 RCP4.5 情景下径流响应降水的增加均有所增加，且地表径流量增量较多，而 RCP2.6 情景下地表和地下径流量均减少；在 RCP4.5 和 RCP8.5 情景下，各种重现期洪水频次均有所增加，洪湖湿地发生洪水可能性增大；不同重现期洪峰流量值均增加，重现期越长，洪峰流量值增加量越大；未来三种情景下，洪湖流域水资源波动较大，极端旱涝事件发生可能更为频繁，水资源系统的敏感性、脆弱性加大，使得流域水资源调控性变差(王苗 等，2016)。

8.1.4.2　洞庭湖湿地

在 RCP8.5、RCP4.5、RCP2.6 三种排放情景下，洞庭湖流域水资源量有基本相似的演化态势。总体而言，年水资源总量在未来 60 年呈现增长态势，但不同排放情景下水资源量的增加幅度存在差异，高排放情景下的水资源量的平均增量小于低排放情景下的平均增量。高排放情景下洞庭湖流域水资源量的波动变化幅度相对中、低排放情景下更大，可能表现为汛期水量更丰沛、枯季水量相对更紧缺。气候变化有可能使洞庭湖流域的水资源在时空分布上更不均匀，而且洪水、干旱等极端水资源事件未来在洞庭湖流域有可能更加频繁(李正最 等,2018)。

8.2 气候变化对长江中游典型湖泊湿地生态系统的影响

8.2.1 气候变化对洪湖湖泊湿地生态系统的影响

8.2.1.1 气候变化对洪湖湖泊湿地植被演替的影响

受气候变化的影响，湖泊湿地水文-植被的动态时序关系表现出极大的不稳定性，进而对湿地植物群落演替产生深远的影响。由于高水位迫使挺水植物分布的下限会上移，低水位则其分布上限会下移，这样可能会使湖泊湿地挺水植物带变窄，给其他具有不同适应性和竞争能力的物种提供了空间，改变固有的分布格局，促进了群落的演变。宋辛辛等(2016)研究结果表明，挺水植物穗状狐尾藻群落面积从 20 世纪 50 年代占全湖的 6%增加至 90 年代的 65%，而后急剧下降至 2010 年的 2%，然后又恢复至 2014 年的 15%；微齿眼子菜群落面积从 20 世纪 50 年代的 10%增至 90 年代的 65%，然后下降至 2014 年的 38%；金鱼藻群落面积从 20 世纪 80 年代的 6%增至 90 年代的 39%，2010 年以后则稳定在 25%；轮叶黑藻群落面积 20 世纪 50 年代占全湖的 32%，随后急剧下降至 80 年代的 6%，2000 年以后逐步增加，至 2014 年的 15%。20 世纪 50—90 年代，穗状狐尾藻、微齿眼子菜和金鱼藻群落分布范围从周边向湖心扩展，而轮叶黑藻群落从湖中心消失。2000 年以后洪湖沉水植物群落分布破碎化明显。20 世纪 50—90 年代的围垦和水文过程变化，20 世纪 90 年代至 2005 年的围网养殖、水生植物过度利用以及由此导致的水质恶化等，以及 2006 年至今开展的拆围和生态修复是导致这些变化的主要因素。

洪湖湖滨带是洪湖湿地的重要组成部分，具有涵养水源、保持水土、截污缓冲、维持生物多样性的功能。综合调查结果和历史资料表明，洪湖湖滨带植物种类减少，多样性降低，生态功能显著降低。除人为干扰是主要原因外，自然因素也加剧了植被群落结构的退化，2011 年洪湖遭遇 70 年一遇严重干旱，湖泊几乎见底，湖滨带干涸数月，虽然湿地植物多为一年生，生长繁殖速度较快，但种群规模的扩增仍需要时间(刘毅 等,2015)。另据中国科学院武汉测量与地球物理所调查显示，2011 年干旱使洪湖洲滩增加面积达 108 km^2，约占整个洪湖保护区面积的 1/4，导致露出区的沉水植被部分干枯死亡，湖滨带茭草有一定发展，但莲受损严重，敞水区中南片的大面积水花生变得稀少。但露出的滩涂能促进种子库中繁殖体的发育，利于部分植被如菹草、苦草、红线草、黑藻被的生长，成为优势物种，提高了植物多样性，Shannon-Weiner 多样性指数从旱前(2010 年)的 0.7903 提高到旱后(2011 年 11 月)的 1.9136。2016 年汛期由于极端强降水的影响，从 7 月 6 日至 7 月 31 日洪湖连续 26 d 超过警戒水位，期间平均水深 3.8 m(洪湖多年年平均水深 1.45 m)，据中国科学院武汉测量与地球物理所调查，洪水带来的冲击性污染使洪湖的水体透明度平均仅为 0.82 m，其透明度与水深之比仅为 0.22，远不能满足沉水植被对光的要求(沉水植被生长的水深，其透明度与水深之比应不低于 1/3)，导致沉水植被腐烂死亡，而菰、莲等挺水植被大部分死亡、腐烂，挺水植被减少约 70%。洪涝后的植物多样性急剧下降，2016 年 11 月洪湖湿地的 Shannon-Weiner 多样性指数仅为 0.1582，直至

2017 年 11 月才恢复到 1.4550。2016 洪涝导致洪湖湿地生物量骤减，全湖平均仅为 245 g/m^2（鲜重），平均生物量仅为 2014 年同期生物量的 3%。

8.2.1.2　洪湖湿地防洪抗旱功能对气候变化的响应

洪湖是长江中游尤其是四湖地区的主要调蓄湖泊。江湖隔绝之前，洪湖水位随长江涨落，是长江中游重要的蓄洪区。江湖隔绝后，四湖地区的大小湖泊多被围垦，蓄洪能力下降至原有能力的 1/4，仅洪湖和长湖具有流域性调蓄功能，洪湖也实质上成为四湖地区的大型平原水库，承担着四湖中下区汛期蓄洪、冬春季灌溉的任务。

春季极端低水位频率增加，抗旱能力下降。春季是洪湖地区渔事活动及春耕春播等农业用水最重要最集中时期，是全年水资源最脆弱时期。春季降水量与洪湖水位相关系数为 0.8305，因此春季降水量是对水资源影响最大的气象因子。1960—2011 年，洪湖春季降水量则呈现为减少趋势，下降率为 −12.57 mm/10a，春季少雨年频率也呈增加趋势。受春季降水减少及极端少雨事件的影响，洪湖 5 月水位 1997 年以来有 4 年低于 24.0 m，抗旱能力严重下降。而 20 世纪 80 年代以前低于 24.0 m 的只有 4 年（刘可群 等，2014）。

2011 年 5 月底卫星遥感监测显示，洪湖水面面积比历史同期减少了 70%，湖水最深处只有 30 多厘米，大部分河流处于断流状态；致使其向周边农田引水灌溉功能完全丧失，洪湖、监利等县（市）约 13 万 hm^2 水稻无水灌溉而推迟移栽或改种其他作物。旱灾重创了洪湖的水产养殖业，洪湖市防汛抗旱指挥部的数据显示，截至 5 月 25 日，全市 77933.3 hm^2 水产投放养殖面积全部受旱灾影响，直接经济损失 53 亿元（田蓉 等，2014）。

夏季水位高，径流量大，防洪压力大、农业受灾严重。气候变化改变了洪湖地区水循环，夏季洪湖降水量增多，降水日数减少，强降水增多，径流增加。20 世纪 90 年代以来，洪湖湿地的洪涝灾害频率呈明显提高的趋势，共发生了 7 次大洪水（1991 年、1996 年、1998 年、1999 年、2002 年、2010 年和 2016 年），并且都是“中水量、高水位”“小水大灾”。2010 年 7 月上旬强降水使洪湖市遭受重创，农业及水产养殖业受灾严重，受灾严重的乡镇淹没率均在 30%以上（梁益同，2013）。

8.2.1.3　气候变化对洪湖湿地水产业的影响

由于春季降水量减少，洪湖春季低水位频率增加，导致鱼类赖以生存的生物数量和种类发生变化，沉水植物的大量繁衍抑制了浮游植物的生长，从而也影响浮游动物的数量。从洪湖鱼类群落的营养结构来看，20 世纪 50 年代末到 60 年代初，草食性种类的比例为 23%～35%，乌鳢、黄颡鱼和红鳍原鲌等肉食种类比例波动于 10%～20%。80 年代草鱼和团头鲂已成为湖区渔民的主要养殖对象，杂食性种类主要是鲤明显减少，渔获物中由 36.0%下降至 0.4%；凶猛肉食性鱼类如乌鳢以及温和肉食性种类如黄颡鱼、红鳍原鲌、沙鳢、刺鳅等，因小型鱼类和虾等饵料生物的增多，数量有所增加，占渔获物的 58.0%。90 年代初期，具重要经济价值的鱼类减少，凶猛肉食性鱼类（包括乌鳢、鳜和鲇）占 5.0%，温和肉食性鱼类占 29.1%，以鲫和鳌为主的小型杂食性鱼类比例持续上升，占总量的 63.6%（宋天祥 等，1999）。

8.2.2　气候变化对洞庭湖湖泊湿地生态系统的影响

8.2.2.1　气候变化对洞庭湖湖泊湿地渔业的影响

由于气候变化及人类活动的影响，洞庭湖湿地面积的萎缩直接导致了鱼类生长空间缩小、渔业资源衰减。20 世纪 70 年代之前，洞庭湖天然捕捞产量中，“四大家鱼”（青鱼、草鱼、鲢鱼、鳙鱼)占捕捞产量的32%,而鲤、鲫、鲶等湖泊定居性鱼类的产量占63%,刀鲚等鱼类产量约占5%。1990—2001年,捕捞产量已演变为以鲤、鲫、鲶等湖泊定居性鱼类为主,占捕捞总产量最高达86%,"四大家鱼"在渔获物中所占比例不足10%。此外,原在湖中生栖的白鲟、中华鲟、胭脂鱼、鲥鱼以及水生哺乳动物白鱀豚等国家保护的珍稀种类已经基本绝迹。1997—2006年连续监测表明,洞庭湖渔业总产量和"四大家鱼"的年总产量正在逐年递减,青鱼、草鱼、鲢鱼、鳙鱼的单产也呈现同样趋势;此外,青、草、鲢、鳙鱼个体总体呈下降趋势,2003年以前与2003年以后的几年变化尤为明显(李红炳 等,2008)。

2004—2008年在洞庭湖设置的33个监测点采集鱼类标本共134000余份,经鉴定仅有7目、16科、86种,比以前资料报道的数量少了30余种(袁正科,2008)。湖南省水产科学研究所发布的《2014年湘江及洞庭湖鱼类资源监测报告》称,2014年湘江和洞庭湖流域的鱼类呈现出"低龄化"特征,持续多年的鱼类资源衰竭势头开始得到遏制,情形开始好转,但是仍未恢复到1997年以前的水平。

8.2.2.2　气候变化对洞庭湖湖泊湿地鸟类的影响

由于人类的干扰和自然气候变化,全球湿地鸟类种类和数量呈下降趋势。湿地面积减少、湿地生态环境功能的破坏严重威胁湿地鸟类的生存。洞庭湖区每年约0.98亿t入湖泥沙使河床、湖盆平均淤3.7 cm,洲滩面积不断扩大,水域面积则不断减小;加之围湖造田,使湖泊面积不断缩小,昔日的"八百里洞庭"被分割得支离破碎,鸟类的栖息环境遭到了严重破坏(熊减新 等,2007)。此外,1951—2015年洞庭湖区旱涝事件发生的频率高,旱涝急转现象较频繁(胡毅鸿 等,2017),极端旱涝事件加剧洞庭湖湿地生态环境改变,使湿地物种资源减少,生物多样性降低。特别是2003年以后的持续干旱导致洞庭湖水位下降,湖盆面积的萎缩,鱼类资源的减少,湖区内苔草大量枯黄,导致候鸟不愿栖息此地,鸟类数量大为减少,珍贵鸟类已很难见到。此外,2008年初的极端冰雪灾害对洞庭湖动食性鸟类产生极大影响,需要深水区域的潜鸭类如凤头潜鸭数量急剧减少,减幅在90%以上,个别鸟类已经没有了踪迹。

1989—2013年,南洞庭湖由于草滩地和泥滩地面积减少,芦苇滩地大面积增长,导致南洞庭湖水禽适宜栖息地面积减少。洞庭湖湿地生态环境遭到破坏是多方面因素叠加影响的结果,但气候变化起到了加剧这一趋势的作用。首先气温升高引起湿地蒸发量增加,导致湿地干涸、面积缩小,湿地和物种栖息地"岛屿化"和"片段化"程度加重;再是降水变化引起河流径流量变化,近几年以来洞庭湖流域降水偏少导致湖泊水位偏低,蓄水量减少,局部水体污染严重,湿地生态环境承载力下降(刘师师 等,2016)。

向泓宇(2016)分析研究了东洞庭湖湿地越冬鸟类与环境因子的相关关系,结果表明气温、气压和日照时数与鸟类总量呈负相关;NDVI和水位与捕食鱼类的候鸟、取食块茎的候鸟和捕食无脊椎动物的候鸟呈较强的正相关;日照时数与取食种子的候鸟和取食苔草的候鸟呈强负相关;日照时数与气温、气压和NDVI都呈正相关,与水位呈弱负相关;气压、气温、NDVI和水位相互之间都呈正相关。

8.2.2.3　气候变化对洞庭湖湖泊湿地鼠害的影响

洞庭湖湖泊湿地的鼠害主要由东方田鼠造成。在洞庭湖区,东方田鼠以湖滩的苔草沼泽和芦苇+荻沼泽为最适栖息地,汛期迁入垸内栖息于农田和岗地。除了湖面萎缩、洲滩扩展、湖泊沼泽化等自然原因(郭聪 等,1997)和"围湖造田""围湖灭螺"人为地改变湖区生态环境原因(张美文 等,2007)之外,气候变化是鼠害泛滥的一个重要原因。东方田鼠 20 世纪 50—60 年代数量还不大,一般只发生局部危害,从 70 年代起危害才明显加重,1978 年开始不时暴发成灾,往往造成滨湖农田大面积绝收,成为一种很突出的新兴农业鼠害。

研究表明,东方田鼠发生量与冬季(12 月至次年 3 月)降水量呈正相关,冬季降水量在 200 mm以上,土壤湿度大,有利于东方田鼠的生长繁殖,如 1985 年、1993 年、1995 年、1998 年和 2005 年为特大发生年;冬季降水量在 150 mm 以下,为轻度发生年,如 1984 年、1986 年、1987 年、1988 年、1992 年、1994 年、1996 年和 1999 年。近 50 年洞庭湖区冬季降水量呈显著上升趋势,对东方田鼠的生长繁殖有利。另有分析表明,东方田鼠发生量与上年洞庭湖水位呈负相关,上年汛期水位高,来年东方田鼠发生量小,水位低,则发生量大。2003 年以来洞庭湖流域进入降水偏少期,造成洞庭湖汛期水位连年偏低,枯水期时间长,对东方田鼠的生长繁殖极为有利(叶仁南 等,2006)。

徐正刚等(2013)采用样点调查的方法对东方田鼠灾害进行了调查,比较暴发年份与其他年份月降水量波动情况,发现 2005 年和 2007 年存在一个共同特点:在东方田鼠暴发前,前期长期干旱,随后降水量突然增加而迅速导致鼠害的发生。北洲子调查点暴发前的干旱期与东方田鼠的生殖高峰期重合,使其种群数量急剧增大,随后的强降雨淹没大量的栖息地,促使东方田鼠大量向农田迁徙。

8.2.3　气候变化对华中区域其他湖泊湿地生态系统的影响

8.2.3.1　气候变化对大九湖湿地植被生态系统的影响

神农架大九湖是湖北省唯一的高山湖泊,是华中区域面积最大、海拔最高的高山湿地,同时也是南水北调中线工程丹江口水库的主要水源—堵河的发源地。何报寅等(2003)研究发现,过去的 2600 年大九湖的气候变化可划分为 4 个阶段:①600BC(公元前)—550AD(公元后),气候相对冷湿;②550—1300AD,气候相对凉干;③1300—1900AD,气候又转变为冷湿;④1900AD 至今,气候又开始转向相对凉干,这一时期的气候变化可能有自然变化的趋势,而更多的可能是人类活动引起的温室效应所造成。

李杰等(2013)通过大九湖孢粉组合变化揭示了区域 4 万年以来植被和气候演变,指出该区域气候环境从末次冰期到全新世经历了急剧变化:末次冰期阶段高寒条件下大九湖附近发育森林草地或草地—草甸植被;42～39 cal ka BP*,气候相对干冷,发育森林草地;39—31 cal ka BP,气候较为湿润,大九湖附近草甸扩张并伴随低海拔阔叶树种的发育;MIS2 阶段(末次冰盛期,距今约 1.8 万年),草甸组分中蒿属显著增加,高海拔可能分布有荒漠草地,气候极端干冷,此阶段气温下降 7 ℃左右;从冰消期开始,森林植被开始扩张,北温带、暖温带和亚热带乔木组分依次增加。约在 9.4～4.0 cal ka BP,演变为亚热带常绿阔叶落叶林,属全新世适宜期;从约 4.0 cal ka BP 以来,北温带阔叶和针叶树开始增加,气候趋于凉干。

郑秋风等(2014)依据孢粉分析结果结合大九湖盆地沉积环境,指出盆地更新世晚期以来古气候演变和植被演替可分为六个阶段:①275.0～245.0 ka BP**,寒冷偏干,寒温带针叶林间隔发育高山草甸;②245.0～188.0 ka BP,暖湿偏干,常绿、落叶阔叶混交林;③188.0～129.0

* cal ka BP 表示校准过的距今多少千年,下同。

** ka BP 表示距今多少千年,下同。

ka BP,冷干,寒温带针叶林过渡为高山草甸;④129.0～71.8 ka BP,暖湿,高山草甸过渡为暖温带落叶阔叶林;⑤71.8～15.0 ka BP,冷干,寒温带针叶林与高山草甸间隔发育,中间有喜暖种属增多的迹象;⑥15.0～1.0 ka BP,暖湿,亚热带常绿、落叶阔叶林。

8.2.3.2 气候变化对武汉城市湖泊湿地的影响

武汉市境内湖泊共有 166 处,数量居全国首位。其中,位于城市主体城区的湖泊 27 处,水体面积共 6374.6 hm^2;远城区湖泊共 109 处,其中,跨区湖泊 6 处(陶旭,2017)。武汉市城市湖泊湿生植物资源丰富,其中,湿地维管束植物 82 科 231 属 361 种。湖泊湿地维管束植物生活型以草本植物为主。同时,武汉地区湖泊湿地外来入侵物种普遍存在,外来入侵物种和人为引进栽培种分别占全部外来物种的 77.4%和 22.6%。外来植物已经对武汉市湖泊湿地植物的生物多样性和生态系统稳定性构成了极大的威胁(郑忠明,2011)。

气候变化影响湖泊湿地水域面积。降水作为湖泊最直接的水量补给来源,气温是决定蒸发的重要因素,而蒸发量的升高会致使湖泊的水量减少。马建威等(2017)研究结果显示,1973—2005 年武汉市辖区湖泊湿地水域面积大幅度减少,在 2005 年以后基本趋于稳定。中心城区湖泊湿地水域面积在 1973—1996 年趋于稳定,在 1996 年以后急剧减少,到 2010 年之后又趋于稳定。年降水量与湖泊水域面积的变化呈弱相关,在部分年份,年降水量的减少,会导致湖泊水域面积的减少(如 1984 年、2005 年);在部分年份,年降水量的增加,使得湖泊的水域面积出现增大(如 1993 年、2008 年、2015 年);但以上趋势不是很明显,在部分年份,甚至出现了年降水量增加,而湖泊水域面积减少的情况(如 1980 年)。综上分析可知,降水和气温的年际变化对武汉辖区湖泊面积变化具有一定影响,但影响不显著。这说明人类活动也是影响武汉湖泊面积的一个主要因素,据调查,由于城市建设武汉市湖泊萎缩或消失现象突出(刘耀彬 等,2003;张欢,2012)。

Yue 等(2017)选取城市化影响较小的梁子湖和斧头湖这两个武汉非城区湖泊,计算了湖泊面积与 1987—2015 年年最大降水量的皮尔逊相关系数,结果显示两者均具有显著的相关关系,斧头湖和梁子湖的相关系数分别为 0.6771 和 0.6558。1996 年、1998 年、2002 年和 2010 年研究区降水较多,导致洪涝灾害进而增加了湖泊水域面积,而 1997 年、2001 年、2006 年和 2011 年研究区降水较少,导致湖泊水域面积减少。1999—2001 年和 2002—2006 年,研究区降水量持续减少,导致湖泊水域面积持续减少,而 2007—2010 年,研究区降水增加,导致湖泊水域面积增加。

李俊(2016)发现,总磷是影响武汉市城市湖泊浮游植物分布的主要环境影响因子。在超富营养型浅水湖泊中,气温的升高能够显著促进湖泊沉积物中磷元素的释放,使水体中的磷浓度显著上升,从而加剧水体富营养化的风险(李庚辰,2014)。

蓝藻水华暴发是湖泊生态环境恶化的集中体现,气象、水动力及水质条件均对蓝藻水华的暴发有影响。2012 年 7 月 21 日以来,武汉城区处于高温、干旱天气,光照强,气温攀升到36 ℃以上,同期湖泊水温 32 ℃左右,6 d 适宜的水温和光照条件是蓝藻水华暴发的前提,7 月 27 日官桥湖暴发了蓝藻水华,湖泊叶绿素含量达到 169 μg/L,藻类个数达到每升 8763.3 万个。8 月 3 日起天气开始变化,出现降水,气温逐步下降,气温降低和弱光照气候条件对官桥湖蓝藻水华起到了抑制作用(崔慧荣,2015)。

城市湖泊湿地具有巨大的热容量和强的水分蒸发,影响着大气的组成,易形成局地小气候。朱春阳等(2015,2016)研究中得出,武汉城市湖泊湿地气温与水体面积指数、离岸距离指数呈显著负相关，与景观形状指数呈显著正相关；湿度与水体面积指数、离岸距离指数、环境类型指数呈显著正相关，与景观形状指数呈显著负相关。其中，面积指数的贡献值最大。当湖泊湿地面积为 9.2～12.2 hm^2 时，其降温增湿效应明显；当湖泊湿地面积为 308.4 hm^2 左右时，降温效应显著且趋于稳定，湖泊湿地面积为 67.6 hm^2 左右时，增湿效应显著且趋于稳定。城市湖泊湿地的面积越大、形状越复杂、距离中心城区越远或非硬质下垫面所占比例越大时，城市湖泊湿地降低空气 PM_{10}、$PM_{2.5}$ 的效应越明显。当湖泊湿地面积达到临界值之后，多斑块离散型湖泊湿地布局对整个城市环境的降温增湿效应和对城市环境空气质量的改善效应更加显著。

8.3　气候变化对两湖地区血吸虫传播的影响

8.3.1　气温变化对钉螺繁衍扩散的影响

血吸虫病是一种人畜共患重大传染病，钉螺是血吸虫的唯一中间宿主，也是血吸虫病流行必不可少的环节，钉螺扩散蔓延是造成血吸虫病流行区扩大、血吸虫病疫情回升的主要因素之一。湖北钉螺的分布与气温的关系非常密切，毛守白(1991)认为钉螺分布区域的 1 月平均气温均在 0 ℃以上，冬季环境低温会抑制钉螺生殖腺或睾丸发育及繁殖能力，有一定的灭螺效果。周晓农等(1999)发现，1 月平均最低气温为－4 ℃的恒温线与传播区域的北边界相吻合。张志杰等(2005)发现，钉螺在年极端最低气温低于－7.6 ℃的地区不宜生存，气温是阻止钉螺北移的重要条件。洪青标等(2003b)通过试验观测，得出钉螺从螺卵发育至成熟产卵(即完成世代发育)的平均历期为(334.22±7.52)d，平均积温为(5821.38±70.05)℃·d，平均有效积温为(3846.28±32.59)℃·d，认为钉螺分布范围与气温有很大关系。Yang 等(2005)研究发现，钉螺的冬眠气温为 6.4 ℃，当气温低于 0 ℃时，钉螺开始出现死亡。武汉区域气候中心在血吸虫病重疫区江汉平原荆州区白马寺镇开展了钉螺滋生地野外试验，通过对比观测发现，杂草覆盖可增加地面温度 2～5 ℃，冬季气温升高可以增大钉螺安全越冬概率及成活率，从而提高血吸虫病传播风险，因此提出了在 12 月到来之前清除有螺区杂草有利于降低地表温度和土壤水分含量，能从物理上起到较好的灭螺效果。

在气温变化对钉螺生理状态的影响方面，洪青标等(2003a)研究认为气温高于 32 ℃后，钉螺活动逐渐受到抑制，呈闭厣状态的钉螺逐渐增多；39 ℃时 100％钉螺呈闭厣状态，但仅有 14.94％的钉螺出现夏蛰现象。即使气温上升至 40 ℃，也仅为 27.78％的钉螺表现出夏蛰状态，钉螺夏蛰现象没有冬眠现象普遍。杨坤等(2003)研究发现，钉螺生殖腺对外界气温的变化敏感度明显大于神经节，冬季气温升高会使钉螺体内一氧化氮合酶(NOS)发生变化，使其更利于生存。陈柳燕等(2002)观测发现，5 月在土壤含水量为 40％左右、平均气温在 25 ℃条件下，螺卵孵出的天数比 3 月缩短 30 d，指出春季钉螺在自然界产卵后，随着气温的逐渐升高，螺卵开始孵出的平均天数和全部螺卵孵出的平均天数均逐级减少。

8.3.2　气候变暖对钉螺及血吸虫生育的影响

气候变暖变干导致洞庭湖区钉螺面积扩大。1988—2012 年洞庭湖区年平均气温、年平均地表温度、年平均 5 cm 地温均呈上升趋势，上升速率分别为 0.4 ℃/10a、0.5 ℃/10a、0.5 ℃/10a，且均通过了 0.05 显著性检验。同时，相对湿度显著降低，降低速率为 3.8％/10a。洞庭湖区尚有钉螺总面积与洞庭湖区年平均气温、年平均地表温度、年平均 5 cm 地温呈显著正相关,与年平均相对湿度呈显著负相关。

冬季气温升高利于钉螺安全越冬,提升了钉螺密度水平。当气温降到 0 ℃以下时,钉螺开始死亡,冬季气温每上升 1 ℃,钉螺密度将上升 6.7%(刘可群 等,2015)。近 50 年来湖北省年平均气温以 0.15 ℃/10a 速率上升,其中,以冬季气温上升最为显著(0.15~0.42 ℃/10a),冬季气温显著升高了 1.35 ℃;近 50 年来气温低于 0 ℃天数显著减少了 5 d 左右,且气温低于 0 ℃ 天数在 8 d 以内的范围,已从湖北省江汉平原南部明显北扩至安陆、钟祥、应城、孝感一带,江汉平原大部地区<0 ℃天数也由原来的 6~10 d 变为 4~8 d。冬季气温的上升,气温低于 0 ℃天数的减少,使钉螺安全越冬的范围更大,有利于钉螺存活以及春季成螺提前产卵,螺卵发育时间缩短,幼螺密度增加,从而导致钉螺密度整体水平升高。

气候变暖导致钉螺和血吸虫生长发育适宜区扩大,钉螺及血吸虫在钉螺内生长发育季均延长,生长发育期内积温显著增加。李兆芹等(2007)研究表明,钉螺完成世代发育需要气温高于 5.9 ℃天数为 290 d 以上,所需有效积温为 3810~3880 ℃ · d。20 世纪 80 年代以来,湖北省适宜钉螺生长的发育季延长了 3~18 d,适宜血吸虫在钉螺体内生长的发育季延长了 6~23 d,导致其各自的生长发育适宜区在 21 世纪后扩展至除鄂西中高山以外的湖北大部地区;此外,适宜于钉螺以及血吸虫在钉螺体内生长发育的有效积温也相应增加,其中,适宜于钉螺生长发育的有效积温也相应增加了 77~375 ℃ · d,江汉平原荆州及鄂东武汉、黄石、黄冈有效积温增加 240 ℃ · d 以上;适宜于血吸虫在钉螺体内生长发育的有效积温增加了 41~383 ℃ · d。气候变暖导致了湖北省有更多的地区有利于钉螺从螺卵发育至成熟产卵、毛蚴在钉螺体内发育成尾蚴形成危害,增加了血吸虫病传播风险。

黄菊梅等(2015)发现,1999 年前后洞庭湖区钉螺生长发育季节延长了 11 d,钉螺生长发育平均起始日期提前了 14 d,平均结束日提前了 4 d;近 25 年钉螺生长发育期内积温为 5469.3~6674.3 ℃ · d,呈显著增加的趋势,增加速率为 139.5 ℃ · d/10a,并通过 0.05 显著性检验。岳阳市 1988—2003 年以及 2004—2012 年两个时段里,5 d 滑动平均气温大于或等于血吸虫在钉螺体内发育的下限温度(15.17 ℃)的生长发育起始日和结束日平均天数分别为 191 d 和 206 d,即在 2004 年前后洞庭湖区血吸虫生长发育季节延长了 15 d,平均起始日期提前了 6 d,平均结束日推迟了 9 d;1988—2012 年日本血吸虫在钉螺体内生长发育天数和积温均呈增长趋势,但变化均不显著。

8.3.3 极端气候事件对钉螺扩散及血吸虫病流行的影响

暴雨洪涝导致钉螺扩散、面积增大。长江洪涝灾害可引起两湖地区钉螺扩散、急性血吸虫感染增加(黄轶昕 等,2006)。钉螺是传播血吸虫病的中间宿主,水是传播媒介,洪涝灾害暴发时,经常造成洞庭湖区溃垸,洪涝灾害面积扩大,钉螺大面积扩散,导致钉螺面积增加,形成新螺点。1988—2012 年,洞庭湖区有 1988 年、1996 年、1998 年 3 个大灾年,分别溃垸 24 个、145 个、142 个,当年洞庭湖区尚有钉螺总面积较上年分别增加了 52662.2 km^2、41392.4 km^2、11149.8 km^2。受频繁的洪涝灾害及涵闸渠系引排水调度影响,洞庭湖区是目前我国钉螺分布范围最广且血吸虫病疫情最难防治的区域(黄菊梅 等,2015)。

湖北省典型洪涝年钉螺面积呈现先下降后上升的趋势,湖沼垸内、山丘型钉螺面积减少幅度较大;洪灾对钉螺分布的负面影响可能延续 3 年以上,水淹时间过长对钉螺生长发育影响是导致钉螺面积及密度、活螺框出现率下降的可能成因。

长时间连续的极端干旱事件导致钉螺面积减少。黄菊梅等(2015)根据湖南极端干旱事件监测方法与判别指标(DB43)统计了洞庭湖区代表站逐日气象干旱综合指数(CI 指数),发现洞庭湖区 15 个极端干旱年有 8 年洞庭湖区尚有钉螺总面积减少,7 年增加;4 个干旱天数超过 110 d 的极端干旱年份,次年洞庭湖区尚有钉螺总面积均减少。2007 年、2011 年均发生春夏连旱,当年钉螺面积较上年分别减少 2800.1 km^2、5293.8 km^2,从而得出长时间连续的极端干旱事件是导致洞庭湖区尚有钉螺面积减小的因子之一。江汉平原潜江钉螺滋生地冬、春季干旱、钉螺生长环境长期缺水,对钉螺的产卵、幼螺的孵育及成螺的生存造成不利影响,导致钉螺密度降低。

极端雨雪冰冻天气导致钉螺死亡率上升、血吸虫病感染率下降。王海银等(2010)选择采用岳阳市君山区靠洞庭湖段未经灭螺的原生态草滩为现场,观测钉螺密度和死亡率分布,发现 2008 年 2 月钉螺死亡率高达 88.8%,同时 2008 年洞庭湖区尚有钉螺面积较 2007 年减少了 2053.7 km^2,这与 2008 年初湖南遭遇百年一遇的持续雨雪冰冻天气直接相关。与此同时,受低温雨雪冰冻天气影响,2018 年湖北省垸内钉螺面积为 19487.5 hm^2,与 2017 年相比下降 277.8 hm^2;血吸虫病感染率为 1.71%,同比下降 0.55 个百分点;病牛感染率为 2.20%,同比下降 1.15 个百分点。

8.3.4　未来气候情景下钉螺扩散的潜在风险分布

汤阳等(2017)利用最大熵模型,结合地形、植被、气象等环境因子,模拟了湖北省钉螺在基准期(1986—2005 年)的分布,预估了 RCP2.6、RCP4.5、RCP8.5 这 3 种未来情景下 2021—2040 年、2051—2070 年和 2081—2100 年 3 个时段湖北省钉螺潜在分布风险。相比基准期,RCP2.6 情景下湖北省钉螺潜在分布低风险区在 2021—2040 年出现北进西扩现象,由原有区域向北扩散至鄂东北北部以及向西扩散至汉江中游丹江口、郧县等地,此后低风险区在 2051—2070 年、2081—2100 年变化幅度不大。钉螺潜在分布中风险区在 2021—2040 年从江汉平原南部沿汉江水系向北扩散至宜城、南漳、襄阳等地,鄂东南中风险区略有北抬;2051—2070 年中风险区逐渐向北扩散至江汉平原北部以及鄂东北南部,鄂东南南部原有中风险区消失;2081—2100 年鄂东地区中风险区继续北抬,其余地区变化不明显。钉螺潜在分布高风险区在 2021—2040 年急剧增大,由原有的江汉平原局部逐渐扩散到江汉平原南部大部地区,此后维持稳定少动状态。RCP4.5 情景下 2021—2040 年湖北省钉螺潜在分布低风险区与 RCP2.6 较为接近,但鄂东南中风险区相对有所收缩,江汉平原监利、石首等高风险区消失不见;2051—2070 年湖北省钉螺潜在分布低风险区和中风险区北扩较明显,高风险区范围减少幅度较大,部分转变为中风险区;2081—2100 年湖北省钉螺潜在分布中风险区北抬,高风险区范围继续缩小。RCP8.5 情景下 2021—2040 年、2051—2070 年、2081—2100 年湖北省钉螺潜在分布低风险区与 RCP4.5 较为接近,中风险区在鄂西北宜城、襄阳以及鄂东南地区等地有所缩小,同时有朝鄂东北扩张的趋势。钉螺潜在分布高风险区在 2021—2040 年迅速缩减,仅天门、沙市、枝江、宜都等地有零星存在;2051—2070 年钉螺潜在分布高风险区范围有所扩大,分布在公安、枝江、天门、汉川等地;2081—2100 年钉螺潜在分布高风险区仅在天门、潜江、沙市、枝江有分布。

钉螺潜在分布风险区面积变化显示(表 8.1),RCP2.6、RCP4.5、RCP8.5 情景下,钉螺潜在分布无风险区面积相比基准期消失 10%以上,此后变化较为缓慢;低风险区面积占比均由基准期 18.9％增加到 22.0％以上，RCP4.5 和 RCP8.5 情景下低风险区面积随着时间推移持续扩大。钉螺潜在分布中风险区面积在 RCP2.6 情景下呈减少趋势，面积占比由基准期 14.8％持续下降至 2081—2100 年的 10.7％，RCP4.5 和 RCP8.5 情景下中风险区面积占比分别增加至 2081—2100 年的 18.7％和 19.4％。钉螺潜在分布高风险区面积占比在 RCP2.6 情景下大体呈增加趋势，由基准期的 1.8％上升至 2081—2100 年的 9.7％；RCP4.5 情景下高风险区面积占比呈先增加后降低的趋势，在 2021—2040 年上升至 6.2％，此后逐步降低至 2081—2100 年的 2.6％；RCP8.5 情景下高风险区面积占比呈"降—升—降"的演变趋势。

未来 3 种温室气体排放情景下钉螺潜在分布低、中风险区范围相对基准期分别扩大 4.5％和 1.6％，无风险区范围缩小 9.3％；伴随着未来可能的气候变化，钉螺潜在分布中、高风险区向北移动。

表 8.1　基准期及未来气候情景下湖北省钉螺潜在分布风险区面积百分比

类别	时段	无风险区(％)	低风险区(％)	中风险区(％)	高风险区(％)
基准期	1986—2005 年	64.5	18.9	14.8	1.8
RCP2.6	2021—2040 年	56.6	22.1	13.2	8.1
	2051—2070 年	55.9	23.5	13.3	7.3
	2081—2100 年	57.4	22.2	10.7	9.7
RCP4.5	2021—2040 年	56.8	22.7	14.3	6.2
	2051—2070 年	53.5	22.9	18.8	4.8
	2081—2100 年	54.8	23.9	18.7	2.6
RCP8.5	2021—2040 年	56.6	23.5	19.3	0.5
	2051—2070 年	51.4	24.6	20.1	3.9
	2081—2100 年	54.0	25.5	19.4	1.1

8.4　应对策略与措施选择

(1)提升湖泊湿地极端气候事件的预警、监测、评估和应对能力。极端旱涝气候事件已经成为影响湖泊湿地的突出因素。整合和优化湖泊湿地的气候、生态监测站网，发展卫星遥感技术，加强气候变化、极端气候事件特别是极端旱涝事件对湖泊湿地生态系统影响的预警、监测和评估；开展濒危生物栖息地气象灾害风险区划，保护湖泊湿地生物多样性。

(2)根据气候变化规律科学规划湖泊湿地产业布局。要根据气候变化规律，积极履行《湿地公约》，推动湿地有效保护修复与合理利用。综合考虑湖泊湿地的水文过程、水系连通、雨水资源配置、生态保护需要等问题，科学进行气象水文调控，以便在极端干旱气候条件下，湿地不干涸、不断流，在极端强降水条件下，有足够的湿地容量蓄洪、调峰。开展湖泊湿地雨水资源气候承载力评估，统筹规划，继续加大退田还湖力度，调整湖区产业结构。

(3)加强疫情风险区域钉螺查灭和流行传播的防控。根据冬、春季气候预测做好螺情疫情监测预警，适当提前春季查螺、灭螺时间；依据汛期旱涝趋势预测，做好防范血吸虫病流行传播风险的应急准备。针对未来气候变化背景下血吸虫疫情向北扩散的风险，加强潜在风险区域疫情防控，力求将螺情疫情消灭在萌芽状态。

第 9 章 气候变化对主要城市气候风险的影响及对策建议

摘要 武汉、郑州、长沙是华中区域所辖三省的省会城市。气候变化和城市化进程造成华中区域主要城市热岛效应显著，雨岛、暗岛、干岛效应也不同程度显现；洪水灾害威胁日趋严重、高温热浪发生频率和强度增加、干旱灾害威胁严重、对城市居民健康的威胁和危害增加、城市环境趋于恶化；2003—2016 年华中区域主要城市气候变化脆弱度呈现显著下降趋势，原因主要是由于经济能力的发展、基础设施和科技支持水平的提高以及社会环境的改善所致，但风险度尤其是城市化进程加快带来的气候变化胁迫呈增加态势。区域主要城市对未来气候变化高度敏感，内涝灾害危险性增加，风险增大；高温日数及极端高温出现频率及强度明显增多。

9.1 城市气候风险评估

2018 年 11 月，中共中央、国务院明确要求以武汉为中心引领长江中游城市群发展，以郑州为中心引领中原城市群发展。同时，长沙又是长株潭“3＋5”城市群的核心城市。武汉、郑州、长沙是华中区域的产业密集区，也是人口密集区，气候变化对三大城市的影响不容低估，气候变化和城市化进程造成气象灾害发生风险增大。

9.1.1 气候变化和城市化效应事实

9.1.1.1 城市热岛效应显著

1961—2017 年，武汉城区和郊区的年、季节气温序列均呈上升趋势，上升趋势城区最低气温＞平均气温＞最高气温，升温速率分别为 0.57 ℃/10a、0.38 ℃/10a、0.25 ℃/10a，上升趋势郊区最低气温＞平均气温＞最高气温，升温速率分别为 0.19 ℃/10a、0.14 ℃/10a、0.13 ℃/10a，城郊气温变化趋势一致，城区升温趋势高于郊区。

武汉市热岛升温速率除最高气温在夏季、秋季表现出略减小的趋势外，其余要素在各个季节均表现出增大的趋势，无论全年及四季，最高气温所对应的城市热岛气候变化倾向率最小，最低气温所对应的城市热岛倾向率最大，平均气温居中，城市热岛对应于气温要素的变化，非对称性变化明显。20 世纪 60 年代的平均气温、最低气温，70 年代的最低气温表现为冷岛效应，但 80 年代后均表现为显著的热岛效应，且随时间推移热岛效应愈来愈严重，尤其是最低气温表征的热岛效应在 90 年代和 2000 年后为最严重。

利用 TM 卫星资料对 1987 年、1995 年、2005 年、2009 年、2015 年、2018 年 6 个时次的卫星遥

感数据分析发现,1987—2005 年,武汉城区面积不断扩大,较强以上热岛范围以两江三岸为中心,向西北、西南、东南三个方向辐射扩展,其中,最强热岛面积从 1987 年的35.6 km^2 上升到 2005 年的 132.2 km^2。强热岛基本覆盖江汉区、江岸区、武昌区、硚口区和青山区,而当时较为偏远的洪山区光谷广场附近、东西湖区吴家山、蔡甸区沌口周边地带开始出现强热岛。2005 年以后,主城区热岛强度逐渐减弱,其中,最强热岛面积下降到 2018 年的 89.2 km^2,降低了 32.5%。与之相反的是,远城区最强热岛面积从 2005 年的 8.4 km^2 扩展到 2018 年的 60.6 km^2(图 9.1)。

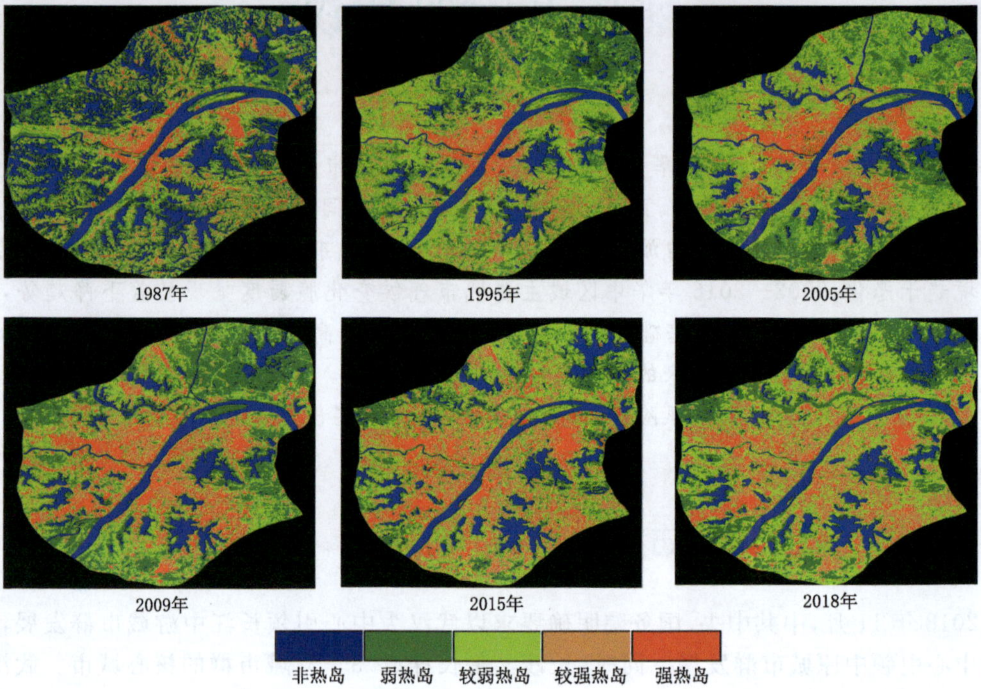

图 9.1　武汉 1987 年、1995 年、2005 年、2009 年、2015 年和 2018 年城市热岛强度分布

植被和水体都能有效缓解和降低城市热岛效应。从 20 世纪 80 年代开始,随着武汉城区面积的不断扩大,土地利用类型发生了较大变化,其中,较大部分是湖泊水面和绿地转化为不透水层。根据卫星影像统计,1987—2005 年,武汉城区水域面积减少 38 km^2,而主城区绿化率一直不足 10%。2006 年以后,经过以保护生态为目的的还湖建设,2015 年武汉城区水域面积较 2005 年增加了 10 km^2,城区绿化率从 2005 年的 7.6%提高到 2018 年的 16.6%(表 9.1)。水域面积的增加和绿化率的提高,是武汉城区热岛强度缓解的最主要因素。

表 9.1　不同年份武汉中心城区强热岛面积、水域面积、绿化率统计

年	城区强热岛面积(km^2)	水域面积(km^2)	城区绿化率(%)
1987	35.6	269	8.7
1995	68.2	257	6.8
2005	132.2	231	7.6
2009	122.9	237	12.1
2015	104.8	235	14.7
2018	89.2	241	16.6

注:主城区指武汉市江汉区、江岸区、硚口区、东西湖区、汉阳区、武昌区、青山区和洪山区 8 个行政区。

1961—2017年，郑州升温速率为0.37 ℃/10a，远大于其周边中牟、登封、新郑、巩义等地的升温速率。结合郑州市区遥感影像和郑州市热岛强度可发现，随着城市面积的不断扩大，郑州市城市热岛面积呈现出急剧扩大的趋势，热岛强度也在不断地增大。至2015年，郑州市大多数区域均呈现出城市热岛效应，热岛中心不仅仅只集中在市中心，而是呈现出多个点状的强城市热岛中心。

1961—2017年，长沙市市区和郊县年平均气温的变化趋势基本一致，都有较明显的升温趋势，市区年平均气温上升速率为0.254 ℃/10a，郊县上升速率低于市区，为0.19 ℃/10a。1961—2017年，长沙市热岛强度呈现明显的上升趋势，其上升速率为0.07 ℃/10a。在20世纪90年代以前，城乡差距较小，热岛效应不明显，之后长沙地区年平均气温城市站与郊区站之差有明显上升，热岛效应明显。可见，城市化进程对长沙市区年平均气温影响大，其热岛升温贡献率为26.4%。分季节看，城市化贡献率夏季最大，其次是秋季、春季，冬季最小。

9.1.1.2 城市存在雨岛、暗岛、干岛效应

1961—2017年，武汉站和郊区站两者年降水量差值序列变化趋势不明显，说明从年降水量看，雨岛效应并不显著。分季节来看，春季武汉站和郊区站的降水量差值序列呈增大趋势，并且增大趋势较为显著，增大速率为6.3 mm/10a；夏季、秋季和冬季均呈减少趋势，但变化趋势不显著。1961—2017年武汉城区和郊区均呈现出小雨日数减少，同时暴雨日数增多的趋势，而中雨日数基本没有变化。说明近年来，武汉市降水变化主要表现在两端，即强降水增多，弱降水减少。武汉站小雨日数、大雨日数及暴雨日数的变化幅度均大于黄陂站，其中，小雨日数的减少幅度和暴雨日数的增加幅度均达到20%左右，城市化效应很可能是加速降水结构两极分化的重要原因。武汉市1983年后1 h、3 h最大降水量较之前分别增加了10.5 mm、9.9 mm。总体而言，武汉市雨岛效应不显著，但降水结构两极分化明显。

1961—2017年，武汉郊区站相对湿度都呈现上升趋势，而城市站呈显著的降低趋势。其中，城市站的下降速率为0.7%/10a，郊区站增加速率为0.3%/10a。相对湿度差的增大代表着城区干岛效应的增强。近57年城市干岛效应强度变化速率达1.0%/10a。城市干岛效应发生主要在20世纪90年代以后，近20年城郊平均相对湿度的差为2.91%，最大值出现在2007年，达6.55%。1961—2017年武汉站和郊区站两者年日照时数差值呈减少趋势，减少速率为38.7 h/10a，表明武汉地区暗岛效应呈增强的趋势。分季节来看，四季武汉站和郊区站的日照时数差值序列均呈减少趋势，夏季最大，春季、冬季次之，秋季最小，减少速率分别为12.2 h/10a、9.4 h/10a、8.8 h/10a、8.1 h/10a。总体而言，武汉市存在“干岛”“暗岛”效应。

分析郑州市1961—2017年平均的年降水量、年日照时数及相对湿度变化规律，郑州市存在雨岛、暗岛、干岛效应。尤其在2000年以后，城市站比郊区站降水偏多，存在城市雨岛效应，且多出现在夏季。2000年之前城市站日照时数多于郊区站，而在其后日照时数则少于郊区站。城市发展带来的高楼大厦、城市污染，造成日照减少，可能是城市暗岛效应的成因。2000年以后城市站相对湿度低于郊区站，呈现变干的状态，可能与城市化的发展、城市规模扩大、人类活动强度增强等有关，城市热岛或许加剧了城市的干岛效应。

对长沙市区及郊县1961—2017年年降水量变化研究表明，长沙市雨岛效应总体不明显，降水两极分化明显，强降水增多，弱降水减少。但长沙站中雨日数、大雨日数及暴雨日数的变化幅度均大于郊县站，说明城市化带来的雨岛效应加速了长沙降水结构两极分化，使得城市内涝发生的概率进一步增大。

9.1.2 城市气候风险评估

9.1.2.1 城市气候变化脆弱性评估

针对气候变化脆弱性的研究，应用较多的是压力—状态—响应（PSR）框架模型。该框架模型是一种具有比较明显的因果关系，从指标产生的机理方面着手构建评价指标体系的方法。从人类系统和自然系统的相互作用与影响出发，综合考虑城市化指标数据的代表性、局地气候变化的相关性和可获性，构建“目标—领域—主题—要素—指标”五层次结构的区域城市化气候变化脆弱性评价指标体系，通过专家对各级指标的两两比较的结果，建立判断矩阵，从而确定各级评价指标的权重。基于城市气候变化脆弱性评价体系方法，重点分析城市化高速发展阶段，同时结合资料的可获性（郑州市统计局，2019；长沙市统计局，2019；武汉市统计局，2019），对 2003—2016 年城市气候变化脆弱性进行了系统评价（表 9.2）。

表 9.2　城市化区域气候变化脆弱性评价指标体系框架及各级评价指标的权重

目标	领域	主题	要素	指标
城市区域气候变化脆弱性指数	风险度（0.50）	气候变化（0.58）	气温（0.50）	平均气温（0.40）、城郊温差（0.60）
			极端天气灾害（0.50）	暴雨日数（0.50）、高温日数（0.50）
		城市化（0.42）	经济发展（0.20）	GDP
			人口增长（0.30）	非农人口比重
			城市建设（0.20）	耕地面积
			化石燃料污染（0.30）	能源消耗（折标煤）
	敏感度（0.20）	社会环境	产业能源	第一产业生产比重
	适应度（0.30）	经济能力（0.55）	经济总量	城镇居民人均可支配收入
		基础设施科技力量（0.45）	基础设施（0.60）	排水管道长
			科技支持（0.40）	高等学校在校人数

（1）气候变化风险度指数

2003—2016 年，武汉市气候变化风险度 2011 年前呈下降趋势，2012 年开始呈波动变化。2016 年气候变化风险度指数为 0.34，基本与 2003 年持平。相对于气候变化胁迫的波动性变化趋势，城市化胁迫呈持续的增长趋势，从 2003 年的 0.09 增加至 2016 年的 0.32。由于 2016 年气候变化胁迫指数也处于 2003 年以来较高位，因此 2016 年气候变化风险度指数为 10 余年来最高。类似于武汉市气候变化风险度指数的分析，郑州市和长沙市的气候变化风险度及其主题层均表现为波动性的上升变化。由此可见，气温上升和强降水增加，城市化过程中的经济发展、人口增长以及对城市用地和能源需求的增长，对城市局地尺度的气候变化风险度有显著持续拉升的作用。

（2）气候变化敏感度指数

鉴于资料的可获性，使用第一产业占 GDP 比重来衡量社会经济环境。第一产业占 GDP 的比重越高，代表其工业化现代化程度越低，第一产业占 GDP 比重反映了产业结构对气候变化的敏感度。2003—2016 年武汉市第一产业占 GDP 比重呈显著下降趋势，因此气候变化敏感度指数也呈显著下降趋势。2016 年气候变化敏感度指数为 0.11，较 2003 年下降了 89％。

郑州市和长沙市的第一产业占 GDP 比重呈显著下降趋势，气候变化敏感度指数也呈显著下降趋势。

(3)气候变化适应度指数

2003—2016 年，气候变化适应度指数显著降低，说明武汉市的气候变化适应度在提高。从变化趋势来看，气候变化适应度与其经济能力、基础设施和科技支持主题层的变化态势一致，均表现出持续增长的趋势，其中，2016 年均为 10 余年来的最高。郑州市及长沙市的气候变化适应度指数呈现出与武汉市一致的变化。

(4)气候变化脆弱度指数

基于上述气候变化风险度、敏感度以及适应度的分析，根据气候变化脆弱度指数计算公式得出三市 2003—2016 年气候变化脆弱度指数变化趋势。武汉市 2016 年气候变化脆弱指数为 0.35，比 2003 年降低了 50%，平均每年减少 5.2%。从变化趋势上看，武汉市气候变化脆弱度 10 余年来前期呈现显著下降趋势，2011 年降至最低值，其原因是气候变化风险度及暴露度变化所致。2012 年开始呈现波动变化，无明显趋势。郑州市和长沙市 2003—2016 年气候变化脆弱度指数随时间都呈现下降趋势，其中，郑州市 2003 年气候变化脆弱度指数为 0.63，2016 年为 0.36，长沙市 2003 年气候变化脆弱度指数为 0.68，2016 年气候变化脆弱指数为 0.23，较 2003 年都显著下降，说明随着城市的发展，敏感度下降，适应能力不断提高，气候变化脆弱度也在降低(图 9.2)。

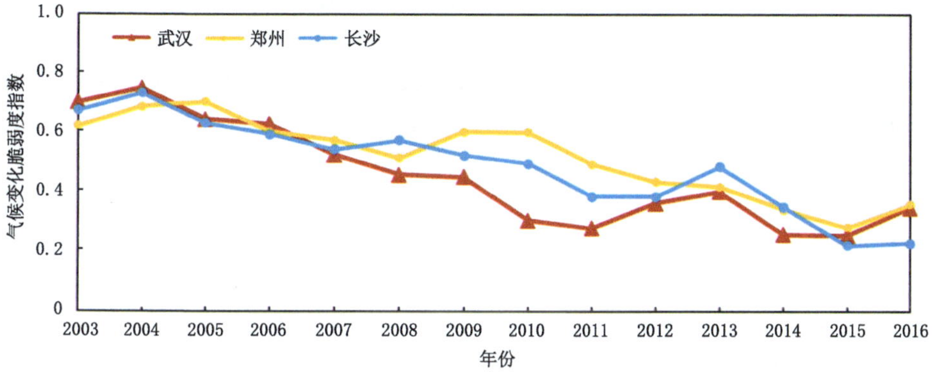

图 9.2　2003—2016 年武汉、郑州、长沙气候变化脆弱度指数变化

9.1.2.2　城市洪涝灾害风险评估

(1)郑州市洪涝灾害风险评估

在分析郑州市暴雨洪涝灾害的致灾因子危险性、孕灾环境脆弱性和承灾易损性的基础上，采用层次分析法确定不同因子的权重系数，构建郑州市暴雨洪涝灾害综合指数评价模型(温跃修 等，2018)。郑州市区平均暴雨洪涝灾害综合风险级别比较高，接近一半面积为次高风险区和高风险区，低风险区和次低风险区面积较小。从区域分布来看庙李镇 80%以上的面积属于高风险区；柳林镇、圃田乡、祭城路街、龙子湖街这些街道主要为高风险区和中等风险区，主要是这些区域属于郑州市中心老城区，受暴雨危险性最大孕灾环境指数较高，另外城市化程度高、人口密度高，社会经济情况好，洪涝灾害风险最高；次高风险区主要分布在沟赵、须水镇、石佛镇以及十八里河镇和南曹之间，主要是这部分区域受地形起伏影响较大，十八里河镇约有

80%的面积为次高危险区，主要是这部分区域致灾危险性属于中等，承灾体易损性较高；中等危险区主要分布在柳林镇、祭城路街、嵩山路街和龙子湖街的小部分区域；老鸦陈、古荥镇、马寨、候寨区域以及南曹部分区域，受暴雨危险性较低，耕地面积较大、人口密度小、孕灾环境敏感性、承灾体受损性都比较低，大部分地区属于次低和低风险区。

(2)长沙市洪涝灾害风险评估

对致灾因子危险性、孕灾环境敏感性和承灾体暴露性进行综合分析(李魁明 等,2014)，发现长沙市暴雨洪涝极高风险等级区面积在1994年和2010年分别占总面积的27%和34%，是研究区的主要风险等级区，集中分布在离河流近且经济发达、人口分布密集的长沙市区。高风险等级区在1994年和2010年分别占总面积的20%和29%，主要分布于经济次发达地区和土地利用方式主要为农田的区域。1994—2010年，低风险等级区变化最大，比重下降14%，其次为高风险等级区和极高风险等级区，比重分别上升9%和7%，中度风险等级区比重变化不大，这主要是与洪灾危险性、敏感性和暴露性三者的指数变化和等级组合有关。快速城市化过程改变了洪涝灾害风险的孕灾环境的敏感性和承灾体的暴露性，相应地，洪涝灾害的风险性也随之增大。

1994—2010年，长沙市城市化进程较快，实现了人口、财富向城市的转移，造成人口和财富的大量聚集，使得承灾体发展得越来越大。在城市建设中，由于人口的增长及经济发展的需要，通过侵占农田获取更多的建设用地，改变了孕灾环境。在洪灾危险性一定的情况下，经济总量的增长和人口密度的上升会导致暴露度的增大，城市建设用地的扩展和农田的减少会导致敏感性的变化，由于城市建设用地在土地利用类型中所占比例不大，对于大部分地区而言，风险等级指数上升；对于快速城市化地区，建设用地侵占农田，敏感性降低，但是经济和人口的增长使得暴露度的增长强于敏感性，所以风险等级指数也会上升。

(3)武汉市内涝灾害风险评估

在完成武汉城区98个易发内涝点(区)普查的基础上，根据武汉城区排水管网数据和历史暴雨内涝过程验证，完成了武汉城区1～12 h内涝临界雨量推算。在考虑排水管网抽排基础上首次将二维水动力暴雨淹没模型应用于武汉城区短历时5～100年6个重现期暴雨内涝过程模拟，以内涝水深为指标，根据影响程度，结合武汉市实际，将武汉市内涝灾害划分为重涝、中涝、轻涝、湿区4个等级，基于ArcGIS绘制了不同重现期、不同短历时暴雨内涝图，空间分布上武汉三镇均有大小不等的成片的内涝区，汉口、武昌居多，汉阳次之。汉口内涝区主要位于建设大道、发展大道等交通干线和商业区，沿长江、汉江江边一带内涝区反而少且等级低；武昌内涝区主要沿东西向山体走向的南侧；汉阳内涝区主要沿东西向山体走向的南、北侧，湖泊周边；青山内涝区分布主要在沿湖周边及地势低洼区(洪国平 等,2018)。

9.1.2.3 城市高温灾害风险评估

IPCC(2014)第五次评估报告强调了风险评估在全球气候变化研究中的重要意义，提出了基于“灾害胁迫—社会脆弱性—暴露”的自然灾害风险评价框架。夏季高温作为一种威胁人类健康的天气类型，在极端情况下会导致高温灾害事件，对人类健康、社会财产以及生态系统等产生威胁。高温灾害脆弱性和高温灾害风险可以由高温胁迫、社会脆弱性和人口暴露三个指标综合得到(谢盼 等,2015)，其中，高温灾害脆弱性主要受高温胁迫和社会脆弱性两者共同影响，而高温灾害风险则要考虑人口暴露情况。综合考虑高温胁迫、社会脆弱性和人口暴露，结合气象数据、遥感数据、社会经济数据进行评价，发现郑州市、武汉市、长沙市属于较高和高风险区，风险受高温胁迫和社会脆弱性共同作用。

9.2　气候变化对华中区域主要城市的影响

城市内涝风险增大，对城市安全运行的影响加重(付琳 等，2017)。武汉市区长江、汉江穿过，郑州地处黄河中下游，长沙位于湘江沿岸，都是我国水灾威胁最危险的城市，一旦发生大洪水，城市群濒临江河区域的基础设施、房屋建筑、道路等设施将受到严重威胁。新中国成立后的 60 多年，湘江流域中下游区平均 1.7 年发生一次洪涝灾害，灾害性洪水发生年频率为 84.0%。其中，极大洪涝灾害平均 9.6 年发生一次，市内最大淹没水深达 6 m。武汉、长沙城市雨岛效应总体不显著，但存在季节差异，且降水结构两极分化明显，其中，暴雨日数的增加幅度均大于郊区，武汉和长沙均达到 20%以上。郑州在 2000 年以后，城市站较郊区站降水以偏多为主，存在城市雨岛效应，且多出现在夏季。武汉 1983 年后 1 小时、3 小时最大降水量和 1 小时雨强≥50 mm 的次数较之前分别增加了 10.5 mm、9.9 mm 和 6 次。城市热岛效应、高度不一且规模庞大的高层建筑阻碍和大气污染物凝结核效应对城市暴雨也有增幅作用。综上所述，华中区域主要城市汛期降水极端性增强且更加趋于集中，发生大暴雨、大洪水，城市安全、城市功能会受到严重威胁，如 2016 年武汉、2017 年长沙和 2021 年郑州都发生了严重内涝。

高温、干旱发生频率和强度增加，严重影响城市供电供水(董锁成 等，2011)。在全球变暖和城市化的双重作用下，城区升温趋势显著高于郊区，武汉、长沙、郑州高温日数呈弱的增多趋势(0.5～1.6 d/10a)，城市热岛效应加强，武汉远城区热岛效应加剧。城市气温升高，降雨季节性分配更不均衡，导致高温热浪、干旱发生频率和强度增加，能源消费激增，影响城市供电供水。在全球变暖背景下，60 多年来，武汉年平均气温、最高气温、最低气温均呈现出上升趋势，60 多年来武汉酷热天数呈明显上升趋势(2.1 d/10a)，气候变暖和城市热岛效应叠加，将使武汉夏季高温、闷热日数增多，夏季制冷能耗不断增加，电网最大负荷中 40%～50%用于制冷，电力供给紧张。

对城市居民健康的威胁和危害增大。人体对气候变化程度和速度非常敏感、脆弱。近 10 年武汉流感大高峰是 5—8 月，小高峰 1—3 月，其中，6 岁以下的学龄前儿童发病率最高(周鹏 等，2018)；武汉和长沙"闷热型"高温天气发生的频率、强度和持续时间增加，易诱发中暑、昏厥、肠道疾病，同时提高人们体内的血液黏稠度，致使心脑血管疾病高发期出现向夏季转变的趋势。心脑血管疾病在华中区域的多发月份一般为 10 月至次年 4 月，高峰在 12 月至次年 2 月；暖冬在一定程度上降低了冬季心脑血管疾病的发病率，对心脑血管疾病患者较有利；春、秋季冷暖交替时期依然是心脑血管疾病的多发期(翟红楠 等，2012)。武汉、长沙、郑州大风日数呈明显减小趋势，每 10 年减少 1.4～5.8 d，从而引起空气污染加剧，特别是近几年郑州霾事件频发，霾日数呈明显的增加趋势，每 10 年增加 24.2 d，严重影响市民的呼吸道健康；另外，研究表明湖北省男性精子质量下降可能与长期暴露于 $PM_{2.5}$高浓度环境有关(吴黎 等，2018)。

9.3　城市未来气候变化和主要灾害风险预估

使用 CMIP5 全球气候模式 HadGEM2-ES 的逐 6 h 输出驱动 RegCM4 区域气候模式进行动力降尺度分析，经过分位数映射法订正后的预估数据结果表明，武汉市未来洪涝风险总体较高,并于21世纪末达到最高值;郑州市洪涝致灾危险度趋势先减小后增大,洪涝所造成的高易损范围增加趋势较明显;长沙市洪涝灾害风险始终位于华中区域的高值区。未来武汉、郑州和长沙连续5 d最大降水量呈现出不断增多的趋势,短时间、突发性的局部地区暴雨灾害发生的频率较高,由此造成的内涝灾害危险性增加,风险增大。

在中等温室气体排放情景RCP4.5下,预计未来武汉、郑州、长沙平均气温升幅均在2.0 ℃以上,高温日数及极端高温出现频率及强度将明显增多。由于三大城市的高人口密度和高GDP特征,导致其承灾体易损度较大,且未来高温灾害呈高风险,会更加严重影响电力、供水等城市生命线系统的正常运行,并使人体健康受到更大的威胁。未来武汉、郑州、长沙三地高温日数及极端高温出现频率及强度明显增大,高温天气的出现将更加频繁,强度将越来越大。高温会影响电力、供水等城市生命线系统的正常运行。

9.4 应对策略与措施选择

(1)将气候变化因素纳入城市各类规划。城市发展规划是城市适应气候变化以及可持续发展的顶层设计,通过规划一是可降低灾害的风险(将重要的基础设施远离高风险地区),二是降低城市脆弱性(引导适应气候变化的建筑和基础设施建设),三是提高救灾应急机制的能力(公众参与、紧急避难场所和疏散道路建设),四是参与灾后恢复重建工程。因为规划是否合理直接影响到城市受气候影响风险的大小,需综合考虑气候变化的影响,将气候风险和可持续发展理念贯穿城市规划设计审批的全过程,即将气候风险识别融入总体规划的前期研究,气候风险管理成为详细规划方案编制的科学基础,气候风险评估可为详细规划成果审批提供重要依据。

(2)加强城市基础建设,提升城市防灾减灾功能。根据气候变暖背景下城市暴雨、高温分布格局和强度发生改变的新特点,合理科学制定基础设施设计适应气候变化标准,通过防洪防涝工程、综合管廊工程、海绵城市、供水供电供气应急工程、应急避难所等的建设,减轻气象灾害的危害,保障城市灾难发生时人员的安全和基本生活条件。

(3)强化城市生态文明建设,推进城市绿色发展。发展绿色节能建筑,推动新型环保能源开发利用,开展森林进城围城工程、城市湿地公园、城市通风廊道建设,改善城市生态环境和风循环,减缓城市热岛效应,提高城市空气净化能力,增强城市的舒适度。

(4)进一步完善城市致洪暴雨灾害早期预警体系。进一步完善城市气象灾害立体监测网络,实现对城市气象灾害的全天候、高时空分辨率、高精度的连续监测。健全完善城市气象灾害应急预案、防灾减灾工作机制、预警信息应急发布和应急处置工作等,开展城市渍涝风险和高温热浪等级预警工作,努力做到"早发现、早预警、早发布、早处置",提高城市暴雨、高温灾害抵御能力,降低和减少灾害风险。

参考文献

白路遥，荣艳淑，2012. 气候变化对长江、黄河源区水资源的影响[J]. 水资源保护，28(1)：47-70.

柴元方，李义天，李思璇，等，2017. 不同因素对城陵矶水位变化贡献率的分析[J]. 水电能源科学，35(8)：60-64.

长沙市统计局，国家统计局长沙调查队，2019. 2018 长沙统计年鉴[M]. 北京：中国统计出版社.

陈城，孟丹，孙朋杰，2018. 利用探空风资料研究我国中低空风速变化规律[J]. 干旱气象，36(1)：82-89.

陈红琳，陈尚洪，王昌桃，等，2014. 苗期渍水胁迫对免耕直播油菜产量和品质的影响[J]. 江苏农业学报，30(2)：259-263.

陈吉琴，香天元，2017. 三峡工程蓄水前后金沙江流域降水径流响应关系对比分析[J]. 黄河水利职业技术学院学报，29(4)：1-3.

陈柳燕，徐兴建，杨先祥，等，2002. 三峡建坝后江汉平原土壤含水量及气温对钉螺生态的影响[J]. 中国血吸虫病防治杂志，14(4)，258-260.

陈思宁，申双和，刘敏，等，2010. 湖北省茶树气象灾害模糊综合评价及区划[J]. 农业工程学报，26(12)：298-303.

陈鲜艳，梅梅，丁一汇，等，2015. 气候变化对我国若干重大工程的影响[J]. 气候变化研究进展，11(5)：337-342.

成道，韩杏，张忠云，等，2015. 江汉平原棉花关键生育期气候变化与棉花产量的关系[J]. 陕西气象(6)：14-17.

成林，薛昌颖，李彤霄，等，2010. 河南省稻麦类作物对气候变化的响应[J]. 气象与环境科学，33(3)：6-10.

成林，刘荣花，马志红，2011. 增温对河南省冬小麦产量的影响分析[J]. 中国生态农业学报，19(4)：854-859.

成林，刘荣花，王信理，2012. 气候变化对河南省灌溉小麦的影响及对策初探[J]. 应用气象学报，23(5)：571-577.

成林，马志红，李树岩，等，2016. 气候变化对河南省夏玉米单产的影响分析[J]. 玉米科学(1)：88-95.

程方民，朱碧岩，1998. 气象生态因子对稻米品质影响的研究进展[J]. 中国农业气象，19(5)：39-45.

程俊翔，徐力刚，姜加虎，等，2016. 洞庭湖流域径流量对气候变化和人类活动的响应研究[J]. 农业环境科学学报，35(11)：2146-2153.

崔慧荣，2015. 浅析湖泊蓝藻水华的预防预警措施[J]. 水政水资源(5)：45-47.

戴冕，2000. 我国主产烟区若干气象因素与烟叶化学成分关系的研究[J]. 中国烟草学报，6(1)：27-34.

戴仕宝，杨世伦，2006，近 50 年来长江水资源特征变化分析[J]. 自然资源学报，21(4)：501-506.

邓青军，唐仲华，吴琦，等，2014. 荆州市地下水动态特征及影响因素分析[J]. 长江流域资源与环境，23(9)：1215-1221.

邓振镛，王强，张强，等，2010. 中国北方气候暖干化对粮食作物的影响及应对措施[J]. 生态学报(22)：6278-6288.

董锁成，陶澍，杨旺舟，等，2011. 气候变化对我国中西部地区城市群的影响[J]. 干旱区资源与环境，25(2)：72-76.

杜尧东，刘锦銮，何健，等，2004. 广州地区冬季鱼塘水温特征及其预测预报[J]. 生态学杂志，23(4)：52-56.

杜尧东，段海来，唐力生，2010. 全球气候变化下中国亚热带地区柑橘气候适宜性[J]. 生态学杂志，29(5)：833-839.

段海来，千怀遂，杜尧东，2011. 未来气候变化情景下这个亚热带柑橘气候风险度变化[J]. 自然资学报，26(6)：

971-979.

方思达,刘敏,任永建,2018.南水北调中线工程水源区和受水区旱涝特征及风险预估[J].水土保持通报,38(6):263-276.

房世波,沈斌,谭凯炎,等,2010.大气 CO_2 和温度升高对农作物生理及生产的影响[J].中国生态农业学报,18(5):1116-1124.

冯明,纪昌明,王丽萍,等,2006.气候变化及其对湖北长江水文水资源的影响[J].武汉大学学报(工学版),39(1):1-5,25.

冯亚文,任国玉,刘志雨,等,2013.长江上游降水变化及其对径流的影响[J].资源科学,35(6):1268-1276.

冯颖竹,余土元,陈惠阳,等,2007.环境光强对糯玉米籽粒主要品质成分的影响[J].生态环境,16(3):926-930.

付景,李潮海,赵久然,等,2009.弱光条件下不同玉米品种净光合速率及产量和品质的比较研究[J].河南农业大学学报,43(2):130-134.

付琳,杨秀,冯潇雅,2017.城市生命线系统适应气候变化危机及其对策[J].环境经济研究,2(1):113-122.

付雅丽,刘铁铮,牛瑞生,等,2009.气候变化对蔬菜产业发展的影响及对策[J].河北农业科学,13(11):25-26,56.

高京武,2018.冬小麦病虫害防治存在的问题及对策[J].农民致富之友(7):131.

高军波,楚冰洋,闫俊辉,等,2019.1960 年以来河南省玉米气候生产潜力估算与种植空间优化[J].农业机械学报,50(1):1-20.

高琦,徐明,李波,等,2018.近 40 年三峡库区面雨量时空分布特征[J].气象科技进展,8(4):76-81.

高燕,刘高慧,杜乐山,等,2016.地下水位和土壤温度对若盖尔泥炭地 CH_4 排放的影响[J].环境科学研究,29(4):516-521.

广东省水生动物疫病预防控制中心,2011.4 月广东水产病害测报[J],海洋与渔业(水产前沿)(5):50.

郭聪,王勇,陈安国,等,1997.洞庭湖区东方田鼠迁移的研究[J].兽类学报(4):40-47.

郭尔静,杨晓光,王晓煜,等,2017.湖南省双季稻产量差时空分布特征[J].中国农业科学,50(2):399-412.

郭秀云,王胜,吴必文,等,2007.环境温度对水产养殖定量化影响的研究[J].安徽农业科学,35(24):7498-7499.

韩振宇,童尧,高学杰,等,2018.分位数映射法在 RegCM4 中国气温模拟订正中的应用[J].气候变化研究进展,14(4):331-340.

郝兴宇,韩雪,居煇,等,2010.气候变化对大豆影响的研究进展[J].应用生态学报,21(10):2697-2706.

何报寅,张穗,蔡述明,2003.近 2600 年神农架大九湖泥炭的气候变化记录[J].海洋地质与第四纪地质,23(2):109-113.

何奇瑾,2012.我国玉米种植分布与气候关系研究[D].北京:中国气象科学研究院.

何寿仁,黄丹萍,张志清,2015.江西南丰县气候变化对柑橘木虱影响分析[J].安徽农业科学,43(31):157-159,218.

何文莹,2011.基于 GIS 的中国大豆潜在适宜种植区评价及其未来变化趋势[D].兰州:兰州大学.

洪国平,万君,柳晶辉,等,2018.武汉城区短历时暴雨内涝数值模拟研究[J].暴雨灾害,37(1):84-89.

洪青标,周晓农,孙乐平,等,2003a.全球气候变暖对中国血吸虫病传播影响的研究:Ⅳ自然环境中钉螺世代发育积温的研究[J].中国血吸虫病防治杂志,15(4),269-271.

洪青标,周晓农,孙乐平,等,2003b.全球气候变暖对中国血吸虫病传播影响的研究:Ⅱ钉螺越夏致死高温与夏蛰的研究[J].中国血吸虫病防治杂志,15(1):24-26.

胡洵瑀,王靖,2015.华北平原夏玉米各生育阶段农业气候要素变化特征[J].干旱地区农业研究,33(4):251-258,267.

胡毅鸿,李景保,2017.1951—2015 年洞庭湖区旱涝演变及典型年份旱涝急转特征分析[J].农业工程学报,

2017,33(7):107-115.
《湖北农村统计年鉴》编辑委员会,2016.湖北农村统计年鉴[M].北京:中国统计出版社.
黄济琛,陆宝宏,范仲丽,等,2017.清江流域降水径流年内分配特征及其同步性分析[J].三峡大学学报,39(6):25-30.
黄健,季枫,2014.温室增温和灌溉量变化对棉花产量、生物量及水分利用效率的影响[J].中国农学通报,30(30):152-157.
黄金龙,王艳君,苏布达,2016.RCP4.5长江上游流域未来气候变化及其对径流的影响[J].气象,42(5):614-620.
黄菊梅,刘可群,常艾,等,2015.洞庭湖区血吸虫的中间宿主——钉螺对气象因子的响应[J].公共卫生与预防医学,26(2):27-30.
黄天琪,2018.结实期高温与水分胁迫对糯玉米淀粉品质的影响研究[D].扬州:扬州大学.
黄晚华,刘晓波,邓伟,2009.湖南农业气象要素变化及对主要农作物的影响[J].湖南农业科学(1):61-64.
黄轶昕,洪青标,高原,等,2006.洪涝灾害对长江下游血吸虫病传播的影响[J].中国血吸虫病防治杂志,18(6):401-405.
黄治勇,牛奔,叶丽梅,等,2012.长江三峡库区极端大雾天气的气候变化特征[J].长江流域资源与环境,21(5):646-651.
黄中艳,2010.气候变化对云南烤烟种植适宜性和烟叶品质的影响[D].昆明:云南大学.
姬兴杰,孟寒冬,左璇,等,2017a.河南烟区主要气候因子与烤烟烟叶化学成分的关系[J].中国烟草科学,38(1):35-41.
姬兴杰,石英,2017b.气候变化对河南烟区烤烟化学品质的影响[J].气候变化研究进展,13(3):262-272.
吉莉,李强,苟思等,2014.1971-2010年重庆蔬菜气候生产潜力特征分析[J].气象与环境学报,30(3):91-95.
景立权,户少武,穆海蓉,等,2018.大气环境变化导致水稻品质总体变劣[J].中国农业科学,51(13):2462-2475.
李柏贞,谢佳杏,孔萍,等,2015.江南茶叶农业气象灾害风险区划[J].干旱气象,33(6):1017-1023.
李超,高迎新,2016.气候变化对我国农业气象灾害与病虫害的影响[J].农业工程,6(2):50-51.
李东欢,邹立维,周天军,2017.全球1.5℃温升背景下中国极端事件变化的区域模式预估[J].地球科学进展,32(4),446-457.
李庚辰,2014.气候变暖对不同营养水平湖泊营养物质动态迁移的影响[D].武汉:华中农业大学.
李贵雄,2007.夏季高温对养殖鱼类的影响及防治对策[J].齐鲁渔业,24(6):1-3.
李红炳,徐德平,2008.洞庭湖"四大家鱼"资源变化特征及原因分析[J].内陆水产,33(6):34-36.
李杰,郑卓,Rachid Cheddadi,2013.神农架大九湖四万年以来的植被与气候变化[J].地理学报,68(1):69-81.
李景保,常疆,吕殿青,等,2009.三峡水库调度运行初期荆江与洞庭湖区的水文效应[J].地理学报,64(11):1342-1352.
李景保,代勇,欧朝敏,等,2011.长江三峡水库蓄水运用对洞庭湖水沙特性的影响[J].水土保持学报,25(3):215-219.
李景刚,李纪人,黄诗峰,等,2010.近10年来洞庭湖区水面面积变化遥感监测分析[J].中国水利水电科学研究院学报,8(3):201-207.
李俊,2016.武汉典型湖泊浮游植物特征及其影响因子的研究[D].武汉:湖北工业大学.
李魁明,帅红,2014.基于GIS的长沙市洪涝灾害风险动态评估[J].防灾科技学院学报,16(1):48-56.
李林,王振宇,秦宁生,等,2004.长江上游径流量变化及其与影响因子关系分析[J].自然资源学报,19(6):694-700.
李彤霄,2015.河南省气候变化对大豆生育期的影响研究[J].气象与环境科学,38(2):24-28.
李卫东,卢为国,梁慧珍,等,2004.大豆蛋白质含量与生态因子关系的研究[J].作物学报,30(10):1065-1068.

李香颜,张金平,2017.气候变化对河南省大豆产量的影响分析[J].江苏农业科学,45(4):55-58.

李秀存,1998.气象灾害对水产养殖的影响[J].广西农学报(3):51-53.

李亚男,闫鼎,宋瑞芳,等,2011.平顶山烟区气候要素分析及对烟叶化学成分的影响[J].浙江农业科学(1):160-164.

李艳元,葛继稳,彭凤姣,等,2017.神农架大九湖泥炭湿地 CH_4 通量特征及其影响因子[J].地球科学,42(2):832-842.

李祎君,王春乙,2010.气候变化对我国农作物种植结构的影响[J].气候变化研究进展,6(2):123-129.

李兆芹,滕卫平,俞善贤,等,2007.适合钉螺、血吸虫生长发育的气候条件变化[J].气候变化研究进展,3(2):106-110.

李正最,周慧,张莉,等,2018.基于不同排放情景的洞庭湖流域水资源演化研究[J].水文,38(3):29-36.

梁婕,彭也茹,郭生练,等,2013.基于水文变异的东洞庭湖湿地生态水位研究[J].湖泊科学,25(3):330-334.

梁骏,麦博儒,郑有飞,等,2008.模拟酸雨对油菜(brassica napus l.)生长、产量及品质的影响[J].生态学报,28(1),274-283.

梁雄伟,于洪贤,刘伟,2011.气候变化对鲑鳟鱼类栖息环境及相关生物学的影响[J].水产学杂志,24(2):63-68.

梁益同,2013.基于 HJ-1A_1B-CCD 数据的洪灾定量评估研究[J].人民长江,44(19):5-8.

梁益同,夏智宏,文雄飞,等,2018.基于卫星遥感的 40 年洪湖水面变化及驱动力分析[J].气象科技进展,8(5):85-90.

廖玉芳,宋忠华,赵福华,等,2010.气候变化对湖南主要农作物种植结构的影响[J].中国农学通报,26(24):276-286.

刘波,陈刘强,周森,等,2018.长江上游重庆段径流变化归因分析[J].长江流域资源与环境,27(6):1333-1341.

刘崇新,潘良曦,2011.暴雨洪灾对水产养殖的影响及其防控技术措施[J].渔业致富指南(14):29-30.

刘佳,马振峰,杨淑群,2015.1961—2010 年大渡河流域极端降水事件变化特征[J].长江流域资源与环境,24(12):2166-2176.

刘可群,梁益同,黄靖,等,2009.基于卫星遥感的洞庭湖水体面积变化及影响因子分析[J].中国农业气象,30(增 2):281-284.

刘可群,梁益同,周金莲,等,2014.人类活动与气候变化对洪湖春旱的影响[J].生态学报,34(5):1302-1310.

刘可群,徐兴建,陈玉霞,等,2015.气象因素对钉螺密度变化的影响分析[J].中华流行病学杂志,36(11):1274-1278.

刘敏,刘安国,邓爱娟,等,2011.湖北省水稻生长季热量资源变化特征及其对水稻生产的影响[J].华中农业大学学报,30(6):746-752.

刘敏,秦鹏程,刘可群,等,2013.洪湖水位对不同时间尺度干旱指数的响应研究[J].气象,39(9):1163-1170.

刘胜利,薛建福,张冉,等,2015.气候变化背景下湖南双季稻生产的敏感性分析[J].农业工程学报,31(6):246-252.

刘师师,赵运林,徐正刚,等,2016.近二十年南洞庭湖水禽栖息地变动研究[J].中南林业科技大学学报,36(3):117-122.

刘晓冉,程炳岩,杨茜,等,2012.近 50a 三峡库区汛期极端降水事件的时空变化[J].湖泊科学,24(2):244-251.

刘耀彬,陈红梅,2003.武汉主城区湖泊发展的历史演变、问题及保护建议[J].湖北大学学报(自然科学版),25(2):163 167.

刘毅,任文彬,舒潼,等,2015.洪湖湖滨带植被现状以及近五十年的变化分析[J].长江流域资源与环境,24(Z1):38-45.

卢璐，王琼，王国庆，等，2016. 金沙江流域近 60 年气候变化趋势及径流响应关系[J]. 华北水利水电大学学报，37(5)：16-21.

马德栗，刘志雄，鞠英芹，2015. 动态统计气候模式在湖北省双季稻生育期中的应用[J]. 中国农学通报，31(27)：244-252.

马德栗，刘敏，鞠英芹，2016. 长江流域及三峡库区近 542 年旱涝演变特征[J]. 气象科技，44(4)：622-630.

马建威，黄诗峰，许宗男，2017. 基于遥感的 1973—2015 年武汉市湖泊水域面积动态监测与分析研究[J]. 水利学报，48(8)：903-913.

毛守白，1991. 血吸虫生物学与血吸虫病的防治[M]. 北京：人民卫生出版社.

孟猛，2019. 气候变化对南水北调中线可调水量及供水风险影响研究[D]. 郑州：郑州大学.

闵屾，钱永甫，2008. 我国近四十年各类降水事件的变化趋势[J]. 中山大学学报(自然科学版)，47(3)：105-111.

区又君，2008. 低温冰冻灾害对我国南方渔业生产的影响分析、存在问题和建议[J]. 中国渔业经济，4(26)：89-93.

潘根兴，高民，胡国华，等，2011. 气候变化对中国农业生产的影响[J]. 农业环境科学学报，30(9)：1698-1706.

彭凤娇，葛继稳，李艳元，等，2017. 神农架大九湖泥炭湿地 CO_2 通量特征及其影响因子[J]. 生态环境学报，26(3)：453-460.

彭新辉，易建华，周清明，2009. 气候对烤烟内在质量的影响研究进展[J]. 中国烟草科学，30(1)：68-72.

蒲金涌，姚小英，邓振镛，等，2006. 气候变暖对甘肃冬油菜(Brassica compestris L.)种植的影响[J]. 作物学报，32(9)：1397-1401.

秦鹏程，刘敏，杜良敏，2019. 气候变化对长江上游径流影响预估[J]. 气候变化研究进展，15(4)：405-415.

覃红燕，谢永宏，邹冬生，2012. 湖南四水入洞庭湖水沙演变及成因分析[J]. 地理科学，32(5)：609-615.

施龙建，文章荣，张世博，等，2018. 开花期干旱胁迫对鲜食糯玉米产量和品质的影响[J]. 作物学报(8)：1205-1211.

舒斯，肖玫，陈正洪，2018. 樱花始花期预报方法[J]. 生态学报，38(2)：405-411.

舒卫民，李秋平，王汉涛，等，2016. 气候变化及人类活动对三峡水库入库径流特性影响分析[J]. 水力发电，42(11)：29-33.

宋天祥，张国华，常剑波，1999. 洪湖鱼类多样性研究[J]. 应用生态学报，10(1)：86-90.

宋辛辛，蔡晓斌，王智，等，2016. 1950s 以来洪湖主要优势沉水植物群落变化[J]. 湖泊科学，28(4)：859-867.

苏荣瑞，刘凯文，耿一风，等，2012. 江汉平原稻-油连作系统冠层 CO_2 通量变化特征[J]. 中国农业气象，33(3)：362-367.

苏荣瑞，刘凯文，耿一风，等，2013. 江汉平原稻田冠层 CO_2 通量变化特征及其影响因素分析[J]. 长江流域资源与环境，22(9)：1214-1220.

孙计平，吴照辉，李雪君，等，2016. 21 世纪中国烤烟种植区域及主栽品种变化分析[J]. 中国烟草科学，37(3)：86-92.

孙甲岚，雷晓辉，蒋云钟，2012. 长江流域上游气温降水及径流变化趋势分析[J]. 水电能源科学，30(5)：1-4.

孙新素，龙致炜，宋广鹏，等，2017. 气候变化对黄淮海地区夏玉米—冬小麦种植模式和产量的影响[J]. 中国农业科学(13)：2476-2487.

孙玉君，李丹华，2016. 南水北调中线工程水源区水质现状分析[J]. 人民长江，47(14)：15-18.

汤阳，刘可群，魏凤华，等，2017. 未来气候变化对湖北省钉螺潜在分布的影响[J]. 气候变化研究进展，13(6)：606-613.

唐丽君，张筱帆，张堂林，等，2014. 水温对鲢早期发育的影响[J]. 华中农业大学学报，33(1)：92-96.

陶旭，2017. 生态弹性城市视角下的洪涝适应性景观研究[D]. 武汉：武汉大学.

田蓉，曹春香，马广仁，等，2014. 2011 年洪湖和梁子湖受旱程度差异和成因分析[J]. 地球信息科学，16(4)：

653-663.

童尧,高学杰,韩振宇,等,2017. 基于 RegCM4 模式的中国区域日尺度降水模拟误差订正[J]. 大气科学,41(6):1156-1166.

万素琴,刘志雄,刘敏,等,2012. 未来气候变化对华中地区中稻产量影响的模拟[J]. 生态学杂志,31(11):2788-2796.

汪孝国,王小东,范建立,等,2008. 豫西烟区气候因子与烤烟化学品质关系研究[J]. 西南农业学报,21(4):989-992.

王德宣,吕宪国,丁维新,等,2002. 三江平原沼泽湿地与稻田 CH_4 排放对比研究[J]. 地理科学,22(4):500-503.

王海银,何宗,周艺彪,等,2010. 洞庭湖区钉螺生存状态观察[J]. 复旦学报(医学版),37(4):430-433.

王利溥,1998. 试论空气温度与茶叶质量的关系[J]. 云南热作科技,18(1):23-25.

王苗,刘敏,夏智宏,等,2016. 基于 SWAT 模型未来气候变化对洪湖流域水资源影响研究[J]. 气象与环境学报,32(4):39-47.

王苗,周月华,任永建,等,2017. 三峡水库蓄水关键区降水时空变化特征[J]. 气象与环境科学,40(1):40-46.

王渺林,郭丽娟,朱辉,2006. 涪江流域气候及径流变化趋势[J]. 人民长江,37(12):44-46.

王娜,王靖,冯利平,等,2015. 华北平原冬小麦－夏玉米轮作区采用"两晚"技术的产量效应模拟分析[J]. 中国农业气象(5):611-618.

王鹏文,戴俊英,魏云鹏,1999. 干旱胁迫对玉米产量和品质的影响研究[J]. 玉米科学(S1):102-106.

王若瑜,谭云廷,程炳岩,等,2017. 基于高分辨率区域气候模式的三峡库区降水变化模拟与预估[J]. 干旱气象,35(2):291-298.

王晓喆,2012. 河南省淮河以北气候变化与棉花生产适应度评价[D]. 西安:陕西师范大学.

王亚民,李薇,陈巧媛,2009. 全球气候变化对渔业和水生生物的影响与应对[J]. 中国水产,397(1):21-24.

王妍,2018. 南水北调中线水源区水资源特征及适应性利用研究[D]. 郑州:郑州大学.

王雨茜,杨肖丽,任立良,2017. 长江上游气温、降水和干旱的变化趋势研究[J]. 人民长江,48(20):39-44.

王圆圆,郭徵,李贵才,等,2017. 基于广义加性模型估算 1979—2014 年三峡库区降水及其特征分析[J]. 地理学报,72(7):1207-1220.

王占彪,毛树春,李亚兵,等,2016. 气候变化对黄河流域棉花物候期的影响[C]//中国农学会耕作制度分会 2016 年学会.

温跃修,胡彩虹,荐圣淇,2018. 郑州市区暴雨洪涝风险区划研究[J]. 人民珠江,39(12):17-23.

吴佳,高学杰,2013. 一套格点化的中国区域逐日观测资料及与其它资料的对比[J]. 地球物理学报,56(4):1102-1111.

吴黎,张海,彭哲,等,2018. 大气细颗粒物长期暴露对男性精子质量的影响[J]. 公共卫生与预防医学,29(6):13-16.

武汉市统计局,国家统计局武汉调查队,2019. 2018 武汉统计年鉴[M]. 北京:中国统计出版社.

夏军,王渺林,2008. 长江上游流域径流变化与分布式水文模拟[J]. 资源科学,30(7):962-967.

夏智宏,刘敏,王苗,等,2014. 1990s 以来气候变化和人类活动对洪湖流域径流影响的定量辨识[J]. 湖泊科学,26(4):515-521.

向菲菲,王伦澈,姚瑞,等,2018. 三峡库区气候变化特征及其植被响应[J]. 地球科学,43(1):42-52.

向泓宇,2016. 东洞庭湖越冬候鸟与环境因子的相关性研究[D]. 长沙:湖南大学.

肖志强,李宗明,樊明,等,2007. 陇南山区小麦条锈病流行程度预测模型[J]. 中国农业气象,28(3),350-353.

谢盼,王仰麟,刘焱序,等,2015. 基于社会脆弱性的中国高温灾害人群健康风险评价[J]. 地理学报,70(7):1041-1051.

熊减新,聂钠,2007. 东洞庭湖湿地野生鸟类资源调查研究[J]. 国土与自然资源研究(2):79-80.

熊伟,杨婕,林而达,等,2008.未来不同气候变化情景下我国玉米产量的初步预测[J].地球科学进展(10):1092-1101.

徐玲玲,吕厚荃,方利,等,2014.气候变化对黄淮海地区夏玉米气候适宜度的影响[J].资源科学(4):782-787.

徐正刚,赵运林,李波,等,2013.洞庭湖区东方田鼠灾害预警分析[J].生态学杂志,32(10):2830-2836.

薛昌颖,刘荣花,吴骞,2010.气候变暖对信阳地区水稻生育期的影响[J].中国农业气象,31(3):353-357.

杨恩琼,袁玲,何腾兵,等,2009.干旱胁迫对高油玉米根系生长发育和籽粒产量与品质的影响[J].土壤通报(1):85-88.

杨健,2010.气候变化与渔业:影响和对策[C].无锡:2010水产科技论坛.

杨军杰,史宏志,王红丽,等,2015.中国浓香型烤烟产区气候特征及其与烟叶质量风格的关系[J].河南农业大学学报,49(2):158-165.

杨坤,周晓农,梁幼生,等,2003.冬季温度变化对钉螺一氧化氮合酶的影响[J].中国血吸虫病防治杂志,15(2):93-97.

杨娜,赵巧华,闫桂霞,等,2016.气候变化和人类活动对丹江口入库径流的影响及评估[J].长江流域资源与环境,25(7):1129-1134.

杨晓光,刘志娟,陈阜,2010.全球气候变暖对中国种植制度可能影响Ⅰ.气候变暖对中国种植制度北界和粮食产量可能影响的分析[J].中国农业科学,43(2):329-336.

叶仁南,曾长荣,胡娟,2006.洞庭湖区东方田鼠的发生与防治措施探讨[J].作物研究(2):151-153.

易建华,彭新辉,邓小华,等,2010.气候和土壤及其互作对湖南烤烟还原糖、烟碱和总氮含量的影响[J].生态学报,30(16):4467-4475.

袁正科,2008.洞庭湖湿地资源与环境[M].长沙:湖南师范大学出版社.

岳伟,曹雯,姚筠,等,2014.安徽省沿江地区棉花生长季气候变化特征及其对产量的影响[J].长江流域资源与环境,23(9):1308.

曾小凡,叶磊,翟建青,等,2014.嘉陵江流域极端降水变化及其对水文过程影响的初步研究[J].长江流域资源与环境,23(1):159-164.

翟红楠,张轩,王艳红,2012.气候变化对华中区域心脑血管疾病的影响及未来趋势预测[J].数理医药学杂志,25(4):441-443.

詹万志,王顺久,岑思弦,2017.未来气候变化情景下长江上游年径流量变化趋势研究[J].高原山地气象研究,37(4):34-39.

张超,彭莉莉,黄晚华,等,2012.1961—2010年湖南气候变化特征及其对烟草种植的影响[J].湖南农业大学学报(自然科学版),38(5):482-486.

张成才,娄洋,李颖,等,2020.基于像元二分模型的伏牛山地区植被覆盖度变化[J].水土保持研究,27(3):301-307.

张冬峰,韩振宇,石英,2017.CSIRO-Mk3.6.0模式及其驱动下RegCM4.4模式对中国气候变化的预估[J].气候变化研究进展,13(6):557-568.

张枫叶,王伟,刘卫星,等,2018.黄淮棉区棉花发展趋势[J].农业科技通讯(6):13-15.

张欢,2012.近十年武汉市中心城区湖泊生态环境的演变[D].武汉:华中师范大学.

张焕囡,2013.长江流域棉区转基因棉花的生产布局与效益分析[D].武汉:湖北大学.

张敬荣,高继国,李辰仁,等,1996.开花至鼓粒期干旱对大豆籽粒化学品质的影响[J].大豆科学(1):84-90.

张丽霞,马改改,茹靖益,2016.黄河流域中下游地区棉花物候和产量对气候变暖的响应[J].棉花学报,28(1):87-94.

张慢慢,邵惠芳,许自成,等,2016.烤烟产量与气候因子的关系分析[J].河南农业科学,45(7):34-38.

张美文,李波,王勇,2007.洞庭湖区东方田鼠2007年暴发成灾的原因剖析[J].农业现代化研究,28(5):601-605.

张荣荣,宁晓菊,秦耀辰,等,2018. 1980 年以来河南省主要粮食作物产量对气候变化的敏感性分析[J]. 资源科学,40(1):137-149.

张瑞朋,刘雪锋,刘奇,等,2006. 气象因子与大豆品质的关系[J]. 种子,25(11):66-68.

张树杰,张春雷,2011. 气候变化对我国油菜生产的影响[J]. 农业环境科学学报,30(9):1749-1754.

张玮玮,2011. 湖北省茶树气候区划及其干旱风险区划[D]. 南京:南京信息工程大学.

张晓艳,刘梅先,2018. 气候变化及人为活动对湘江流域径流和输沙的影响[J]. 水土保持研究,25(1):30-37.

张印平,郭昌东,2017. 桂林市气候变暖特征及其对柑橘物候期的影响[J]. 气象科技,45(1):203-207.

张志杰,彭文祥,庄建林,等,2005. 湖北钉螺分布与年极端低气温的关系分析[J]. 中国血吸虫病防治杂志,17(5):341-343.

赵福成,谭禾平,包斐,等,2018. 灌浆期水分胁迫对甜玉米籽粒糖分积累和蔗糖代谢酶活性的影响[J]. 分子植物育种,16(11):3710-3717.

赵军凯,李九发,戴志军,等,2012. 长江宜昌站径流变化过程分析[J]. 资料科学,34(12):2306-2315.

郑景云,葛全胜,郝志新,2002. 气候增暖对我国近 40 年植物物候变化的影响[J]. 科学通报,47(20):1582-1587.

郑秋凤,张茂恒,李吉均,等,2014. 大九湖钻孔记录的神农架地区中更新世晚期以来的气候环境变化[J]. 地理研究,33(6):1167-1177.

郑衍欣,李双林,张超,2018. 三峡库区春季连阴雨气候趋势分析[J]. 暴雨灾害,37(4):364-372.

郑有飞,麦博儒,梁骏,等,2008. 不同类型模拟酸雨对油菜营养品质的影响[J]. 环境科学学报,28(10):2133-2140.

郑忠明,2011. 武汉市城市湖泊湿地退化与植被恢复研究[D]. 武汉:华中农业大学.

郑州市统计局,国家统计局郑州调查队,2019. 2018 郑州统计年鉴[M]. 北京:中国统计出版社.

周鹏,蔡晶,吴然,等,2018. 2008—2017 年湖北省流行性感冒监测结果分析[J]. 公共卫生与预防医学,29(6):33-36.

周蓉,王莉莉,明荣华,等,2014. 湖北省农户应对气候变化的适应性对策研究——以武穴市主要水稻、油菜产区为例[J]. 湖北经济学院学报(人文社会科学版)(7):19-21.

周晓农,胡晓抒,1999. 地理信息系统应用于血吸虫病的监测 Ⅱ 流行程度的预测[J]. 中国血吸虫病防治杂志,11(2):66-70.

朱春阳,2015,城市湖泊湿地温湿效应——以武汉市为例[J]. 生态学报(16):5518-5527.

朱春阳,曾元梓,陈奕汝,等,2016. 城市湖泊湿地对空气 PM_{10}、$PM_{2.5}$ 的影响——以武汉为例[J]. 中国园林(11):88-93.

朱明栋,陈朝,2006. 气候变暖对湖北农业的影响[J]. 甘肃农业(6):111-112.

邹学校,蔡立湘,彭新德,等,2011. 气候变化对蔬菜学科的影响[J]. 湖南农业科学(17):36-39,40.

BEAUBIEN E G,FREELAND H J,2000. Spring phenology trends in Alberta,Canada:Links to ocean temperature[J]. International Journal of Biometeorology,44 (2):53-59.

BRADLEY N L,LEOPOLD A C,ROSS J,et al. ,1999. Phenological changes reflect climate change in Wisconsin[J]. Proceedings of the National Academy of Sciences of the United States of American,96(17):9701-9704.

CALDWELL C R,BRITZ S J,MIRECKI R M,2005. Effect of tempera-ture,elevated carbon dioxide and drought during seed development on the isoflavone content of soybean [Gly-cine max(L.)] grown in controlled environments[J]. Journal of Agriculural and Food Chemistry,53:1125-1129.

JIN J,WANG G H,LIU X B,et al,2006. Interaction between phosphorus nutrition and drought on grain yield, and assimilation of phosphorus and nitrogen in two soybean cultivars differing in protein concentration in grains[J]. Journal of Plant Nutrition,29:1433-1449.

MENZEL A, FABIAN P, 1999. Growing season extended in Europe[J]. Nature, 397(6721): 659.

QIN P C, XU H M, LIU M, et al, 2020a. Climate change impacts on three gorges reservoir impoundment and hydropower generation[J]. Journal of Hydrology(580): 123922.

QIN P C, XU H M, LIU M, et al, 2020b. Assessing concurrent effects of climate change on hydropower supply, electricity demand, and greenhouse gas emissions in the Upper Yangtze River Basin of China[J]. Applied Energy(279): 115694.

SPARKS T H, JEFFREE E P, JEFFREE C E, 2000. An examination of the relationship between flowering times and temperature at the national scale using longterm phenological records from the UK[J]. International Journal of Biometeorology, 44(2): 82-87.

YANG G J, VOUNATSOU P, ZHOU X N, et al, 2005. A potential impact of climate change and water resource development on the transmission of schistosoma japonicum in China[J]. Parassitologia, 47(1): 127.

YUE D, WEIGUO J, ZHENGHONG T, et al, 2017. Spatio-temporal change of lake water extent in wuhan urban agglomeration based on landsat images from 1987 to 2015[J]. Remote Sensing, 9(3): 270-278.

